식물의 이름은 어디서 왔을까

일러두기

- 식물 학명과 국명은 '국가표준식물목록'(2024년 8월 31일 기준)을 기준으로 합니다.

- 학명의 한국어 표기는 학계에서 통용하는 '라틴어 발음'을 기준으로 했습니다. 표준 외
  래어표기법과 다를 수 있습니다.

- 학명에는 독서 편의를 위해 명명자를 기재하지 않았습니다.

- 학명 해설은 《대한식물도감》(1999)과 《한국 식물 이름의 유래-조선식물향명집 주해
  서》(2021)를 병행하여 참고하였습니다.

- 식물분류학 역사와 관련된 내용은 《한국식물분류학사개설韓國植物分類學史槪說》(1986)을
  참고하였습니다.

식물의
이름은
어디서
왔을가

김영희 지음

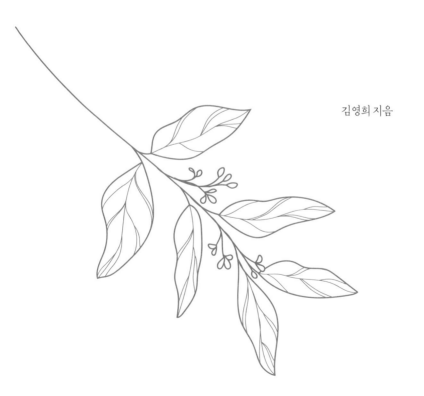

행성B

이름을 알고자 하는 마음

"안녕하세요. 반갑습니다. 김영희입니다."

누군가를 만나 저를 소개할 때 늘 하는 말입니다. 저뿐만 아니라 많은 사람이 이렇게 자신을 소개합니다. 물론 명함을 주고받기도 하지만 저는 제 목소리로 이름을 말하는 것을 좋아합니다. 누군가에게 내 이름을 말해 주고, 상대의 이름을 듣고 나서야 우리는 비로소 서로를 '안다'고 합니다. 물론 짧은 소개말 정도로 상대를 잘 알 수는 없습니다. 그러나 나중에 누군가가 "혹시 그 사람 알아요?" 하고 묻는다면 보통 "안다"고 답합니다. 단 한 번 만나 얼굴과 이름을 기억한다는 이유만으로 말이지요.

제안을 하나 하고 싶습니다. 한 번 들은 이름과 한 번 본 얼굴로 안다고 할 수 있다면 식물에게도 그래보는 건 어떨까요? 혹자는 숲과 자연에 대해 아는 것이 뭐가 중요하냐고 하기도 합니다. 느껴지는 대로 느끼는 게 더 의미 있다고 하면서요. 틀린 말은 아닙니다. 그러나 저는 조금 다른 생각을 가지고 있습니다.

식물은 사람이 가늠하기도 어려울 만큼 오래전부터 지구라는 별에 살고 있었습니다. 인간이 지구에서 살아온 시간은 식물에 비하면 그저 찰나지요. 아주아주 오래전부터 우리는 지구라는 같은 집에 살던 가족이었습니다. 지금은 갈라지고 또 갈라져 생김새가 전혀 다른 생명체가 되었지만요. 사람은 지구상 모든 생명과 더불어 살아야 합니다. 그중에서도 특히 식물과는 이별을 할 수 없습니다. 그들의 활동으로 생명을 유지하고 정서적인 측면까지 도움을 받습니다. 하지만 이런 식물의 이름을 우리는 어렵다는 이유로 외면하는 경우가 많습니다. 우리에게 생명을 나누어준 존재인데 말이죠.

사람이 식물에 이름을 붙이기 시작한 것은 '필요에 의해서'였습니다. 다양한 생김새의 식물을 두고 먹을 수 있는지 없는지, 약이 되는지 독이 되는지 구별해야 했을 테니까요. 아마도 식물의 이름은 가족 또는 이웃과의 약속에서 시작했을 것입니다. 이름을 말하면 어떤 식물인지 서로 알 수 있어야 하기에 꼭 필요했을 것이고요.

식물의 이름은 다양한 이유로 지어집니다. 형태, 생태, 전해 내려오는 이야기, 사는 지역 등으로요. 왜 그런 이름이 붙었는지 이해되지 않는 갸우뚱한 이름도 가끔 있습니다. 이 책은 식물의 이름에 근거가 될 만한 다양한 내용을 두루 살폈습니다. 또 보다 많은 사람이 식물의 이름에 관심을 갖고 알아가길 바라는 마음을 담았습니다.

이 책은 행성B의 제안으로 쓰게 되었습니다. 제안을 받았을 때 무척 반가웠지요. 식물 강의를 오랫동안 하면서 이름에 대한 이야기를 종종 해왔습니다. 특히 국제적인 이름, 학명을 중심으로 강의했지요. 왜냐하면 한국 이름, 국명에 대한 이야기는 널리 알려진 경우가 더러 있지만 학명은 어렵다는 이유로 외면당하기 일쑤였으니까요. 그 속에 다양한 이야기와 역사가 있다는 것을 조금이라도 알려주고 싶었습니다. 그래서 이 책에는 국명에 대한 이야기와 더불어 학명 이야기도 함께 풀었습니다. 학명과 국명의 토대가 되는 형태와 생태 이야기도 포함

했습니다. 물론 식물 이름에 얽힌 저의 에피소드도 함께요. 식물의 이름, 즉 학명과 국명을 알아가다 보면 두 이름의 근거가 일치하는 경우가 있는데 그럴 때는 탐구하는 재미가 한층 더 해집니다.

식물 이름이 특별한 규칙 아래 지어졌다면 알아가기에 좀 수월할 수도 있습니다. 그러나 이름은 짓는 사람이 나름의 이유로 명명하기 때문에 익숙해지기가 쉽지 않지요. 우리나라에는 귀화식물을 포함하여 자생식물이 약 4,000종 정도 됩니다. 그 이름을 다 안다는 것은 무리입니다. 하지만 아무것도 모르고 볼 때는 그냥 나무이거나, 가로수이거나, 공원수이던 그들이 이름을 알고 난 후엔 다르게 다가올 것입니다.

식물의 한글 이름, 국명에는 다양한 접두어들이 사용되는데 사는 곳에 따라 산, 멧, 두메, 물, 강, 들, 구름, 섬 등이 붙습니다. 또 지역에 따라 광릉, 변산, 대구, 제주, 울릉, 금강 등 지명이 접두어로 쓰이기도 합니다. 서로 닮았다는 이유로 너도, 나도, 아재비라는 말이 붙고 매화를 닮았다는 이유로 매화라는 꽃 이름이 접두어로 붙기도 합니다. 그러나 그 식물은 매화와 아무런 상관이 없을 때도 있습니다.

모양에 따라 긴, 넓은, 좁은, 가는, 선, 눈, 왕 등이 사용되기도 하고, 색깔에 따라 분홍, 붉은, 흰, 자주, 금 등이 붙습니다. 동물이나 곤충의 이름이 붙기도 합니다. 까치는 흔히 붙고 호랑이, 까마귀, 꿩, 고양이, 뱀, 개구리, 나비 등이 붙지요. 작다는 이유로 아기, 애기, 새끼, 좀, 쇠, 왜 등의 접두어가 붙습니다. 작다는 접두어도 여러 가지 있기에 이름을 알기 더 어렵습니다. 또 나무에게 나무라는 말이 붙기도 하고 안 붙기도 합니다. 진달래와 까치박달은 나무라는 말이 안 붙고 사스레피나무와 산검양옻나무처럼 이름이 긴데도 나무라는 단어가 붙기도 합니다. 이런 이름들이 추천 국명인 데는 그만한 이유가 있을 것입니다.

우리나라 국명도 이러할진대 국제적으로 사용하는 학명은 더 어렵겠지요. 일단 알파벳인데 읽기가 여간 곤란한 게 아닙니다. 읽어보라고 하면 대부분의 사람이 눈을 동그랗게 뜨고 한참 쳐다만 보고 있습니다. 쉬 읽어지지가 않거든요.

식물의 학명은 "조류, 균류와 식물에 대한 국제명명규약 International Code of Nomenclature for Algae, Fungi and Plants"에 따라 명명됩니다. 학명은 보통 2개의 단어로 이루어지는데 이를 이명법二名法이라고 합니다. 이명법은 칼 폰 린네Carl von Linne가 1753년《식물의 종Species Plantarum》에서 2개의 단어로 이름을 붙인 것으로 시작, 오늘날까지 명명에 사용되고 있습니다.

학명에서 첫 단어는 속명(屬名, genus), 두 번째 단어는 종소명(種小名, specific epithet)입니다. 속명은 라틴어이거나 라틴어화 된 명사로 되어 있으며, 첫 번째 글자는 대문자로 씁니다. 종소명은 대체로 형용사이며 라틴어 문법에 따라 어미가 달라지고, 첫 글자는 소문자로 시작합니다. 속명과 종소명에는 2개의 단어가 합해진 합성어가 사용되기도 합니다. 그 뒤에는 이 식물에 이름을 지어준 사람, 명명자가 옵니다. 속명과 종소명은 기울여서 쓰고 명명자는 바로 세워서 씁니다. 예를 들어 질경이의 학명은 *Plantago asiatica* L.입니다. 여기서 명명자 L.은 린네를 뜻하는데 질경이는 1753년에 린네에 의해 명명되었습니다. 《식물의 종》이 발간된 시기와 일치합니다. 보통 전문 과학 잡지나 학술지가 아닐 경우 학명 표기에서 명명자는 생략하기도 합니다. 이 책에서도 명명자를 생략했습니다.

식물을 분류할 때는 가장 넓은 분류군부터 시작해서 계Kingdom, 문Phylum, 강Class, 목Order, 과Family, 속Genus, 종Species으로 이어집니다. 종Species의 하위분류군으로는 변종variety=var., 품종forma=f. 등이 있습니다. 동물들이 같은 종끼리 짝짓기해서 자손을 보듯 식물도 마찬가지입니다. 꽃이 피면 같은 종끼리 꽃가루받이를 하여 수정이 되고 열매가 자라면서 씨앗이 성숙하지요. 그러나 가끔은 속내 종간에 자연교잡이 일어나기도 합니다. 참나무과 식물들이 그런 경우가 있고, 붓꽃속에도 종간 교잡이 일어나서 새로운 형태를 한 식물이 있습니다.

학명을 보면 *Plantago asiatica*처럼 기울어진 단어가 2개가 아니라 그 이상인 경우가 많습니다. 그런 경우는 변종인 경우가 상당히 많고 품종인 경우도 있습니다. 꽃을 자세히 들여다보듯이 학명을 자세히 들여다보면 알 수 있습니다. 또 학명의 뜻을 공부하면 그 식물에 대해 알지 못하던 또 다른 이야기를 알 수도 있습니다. 그 속에 스토리가 숨어 있는 경우도 있지요. 이렇게 복잡하게 명명된 학명을 통일해서 사용하면 참 좋을 텐데 그렇지 못한 경우가 있습니다. 분류학적 연구에 따라 정식명칭, 즉 정명이 달라지기도 합니다. 또 학자에 따라 기관에 따라 그 견해가 다를 경우, 같은 식물의 학명을 다르게 쓰는 경우도 있습니다. 그러니 얼마나 어렵겠습니까.

이런 애로를 뒤로하고라도, 알고자 하는 마음으로 보면 꽃이든 나무든 풀이든 다르게 다가옵니다. 자기도 모르게 좀 더 자세히 보고 좀 더 오래 보면서 그 생김새를 기억하게 되지요. 여기에 이름까지 알게 되면 애정과 기억은 더 강해집니다. 흔히 하는 말로 아는 만큼 보인다는 말이 있습니다. 또 보이는 만큼 느낄 수 있지요. 결국은 모르는 사람보다 아는 사람이 더 풍성하게, 더 깊게, 더 섬세하게 느낄 수 있습니다.

"파릇파릇 나뭇잎이 돋았다"라고 말하는 사람과, "파릇파릇 까치박달 잎이 돋았다"라고 말할 수 있는 사람의 느낌이 과연 같을까요? 다릅니다. 같을 수가 없습니다. 다르다는 것은 "파릇파릇 까치박달 잎이 돋았다"라고 말할 수 있을 때라야 비로소 느낄 수 있습니다. 그냥 나뭇잎으로 뭉뚱그리는 사람과 이름을 아는 사람의 느낌과 감동과 사랑은 분명히 다릅니다.

갈참나무를 보고 굴참나무라고 하면 틀린 답입니다. 하지만 '나무'라고 하면 그건 맞는 답입니다. 그렇지만 맞는 답이라는 이유로 우리가 사람을 부를 때 "사람아"라고 하지 않습니다. "영희야, 유관아"라고 친구를 부르듯 나무에게도 갈참나무, 굴참나무, 갯버들이라 불러주면 그들에 대한 애정이 남달라집니다. 식물의 이름을 알고 싶다는 것은 그만큼 사랑할 준비가 되었다는 뜻이며, 곧 그들과 사랑에 빠지겠다는 열린 마음입니다. 이름을 알고자 하는 당신의 마음은 그 자체가 이미 사랑입니다.

식물 이름 리딩 가이드

식물 분류 단위

식물의 분류체계는 일반적으로 계(界, Kingdom), 문(門, Phylum), 강(綱, Class), 목(目, Order), 과(科, Family), 속(屬, Genus), 종(種, Species)으로 구성됩니다. 계(界)가 가장 넓은 의미이며 종(種)이 가장 좁은 의미입니다. 종 아래로 아종亞種, 변종變種이 있습니다.

민들레로 예로 들면 아래와 같습니다.

식물계→피자식물문→목련강→국화목→국화과→민들레속→민들레

국가표준식물목록으로 볼 때 우리나라 자생식물은 약 4,000종 정도이며 이는 고정된 것이 아닙니다. 신종 발견으로 종수가 늘어나기도 하고 기타 연구로 종이 통합되는 경우도 있습니다.

식물 이름 읽는 법

아래는 민들레의 '학명'이자 '정명'입니다. 이름을 이루는 단어들을 속명과 종소명, 명명자라고 합니다. 이 책에서는 독서 편의를 위해 명명자는 생략했습니다.

Taraxacum *mongolicum* Hand.-Mazz.
속명   종소명   명명자(이름을 지은 사람)

*Taraxacum mongolicum*의 국명은 '민들레'이며 영명은 'Mongolian dandelion'입니다.

민들레는 4개의 '이명'이 있으며 대표적인 것은 아래와 같습니다.

Taraxacum liaotungense Kitag.

학명 : 세계가 공통으로 사용하는 생물의 이름을 말합니다. 학명은 기본적으로 속명+종소명+명명자로 이루어집니다. 속명과 종소명은 이탤릭체로 기울여서 씁니다.

속명 : 생물의 속을 이르는 이름으로 학명의 첫 번째 단어이며 첫 글자를 항상 대문자로 씁니다.

종소명 : 종을 이루는 작은 이름이라는 뜻으로 학명을 표기할 때 속명 뒷부분에 오며 첫 글자는 소문자로 씁니다.

정명 : 공식 이름으로 학명의 공식 명칭을 정명이라고 하기도 하고 국명의 공식 이름을 정명이라고 하기도 합니다.

이명 : 정식 이름 외에 달리 불리는 이름을 말합니다.

향명 : 민간에서 오래전부터 불러오던 이름으로 지방명을 말합니다. 따라서 향명은 같은 식물이라도 지방에 따라 이름이 다를 수 있습니다.

국명 : 우리나라에서 부르는 이름을 말합니다. 때에 따라 정명이라고 하기도 합니다.

영명 : 영어 이름입니다. 예를 들면 진달래의 영명은 Korean rhododendron, 철쭉은 Royal azalea, 쇠뿔현호색은 Bull's-horn corydalis입니다.

화서 종류

두상화서 : 머리 모양 꽃차례로, 작은 꽃들이 줄기 끝에 빽빽하게 모여 있는 것을 말합니다. 민들레나 코스모스, 엉겅퀴 등이 두상화서입니다.

미상화서 : 꼬리 모양 꽃차례로, 보통 꽃자루가 없고 중심축을 중심으로 자잘한 꽃이 빽빽하며 꽃이 필 때 꼬리처럼 늘어지는 모양입니다. 밤나무나 자작나무 등이 미상화서입니다.

산형화서 : 펼친 우산 모양의 꽃차례로 미나리 등 산형과 식물이 대표적입니다. 복산형화서는 산형화서 끝에서 우산살 모양으로 다시 갈라져 그 끝에 꽃이 달립니다.

총상화서 : 긴 꽃대축에 작고 많은 꽃자루가 옆으로 달려 꽃이 피는 꽃차례를 말합니다. 아카시아(아까시나무 꽃)가 대표적인 총상화서입니다.

무한화서 : 꽃대의 축 아랫부분부터 피어 올라가거나 꽃차례의 가장자리부터 안으로 피어 들어가는 꽃차례를 말합니다. 보통 자잘한 꽃들이 모여 달립니다. 무한화서는 광범위한 개념으로 두상화서나 산형화서, 총상화서 등이 이에 속합니다.

식물의 성별

암수딴그루 : 암꽃과 수꽃이 달리는 나무가 따로 완전히 분리된 것을 말합니다.

암수한그루 : 암꽃과 수꽃이 한 그루에 달리는 것을 말합니다.

장주화長柱花 : 하나의 종에서 암술과 수술의 길이가 다른 개체가 존재할 경우, 암술이 수술보다 긴 개체의 꽃을 말합니다.

단주화短柱花 : 장주화와 반대로 암술이 수술보다 짧은 꽃을 말합니다.

수정 방법

풍매화 : 바람에 의해 꽃가루받이가 이루어지는 꽃을 말합니다. 참나무과 식물이 대표적이며 갈참나무, 신갈나무 등 참나무 6형제와 너도밤나무가 있습니다.

충매화 : 꿀벌 등 곤충에 의해 꽃가루받이가 이루어지는 꽃을 말합니다. 백리향, 민들레, 진달래 등이 충매화입니다.

수매화 : 물의 흐름을 타고 이동하여 꽃가루받이를 하는 식물입니다. 보통 침수식물로 검정말, 붕어마름 등이 있습니다.

조매화 : 새에 의해 꽃가루받이가 이루어지는 꽃을 말합니다. 열대지방에는 흔한 수정방법이지만, 우리나라에서는 드문 편입니다. 조류로 꽃가루받이를 하는 것 중에는 동백나무와 동박새가 있습니다.

● ● 차례

1부 • 식물 이름에는 이야기가 있다

2부 • 이름을 지어주는 마음

3부 ● 닮은 이름, 두 개의 이름

4부 ● 친숙한 식물, 몰랐던 이름 이야기

1부

식물 이름에는 이야기가 있다

백리향, 천리향, 만리향

멀리 가는
향기를 품은 꽃

이름 ＼ 백리향
정식 명칭 ＼ 백리향
뜻 ＼ 향기가 백 리(40킬로미터)를 간다는 뜻입니다.
주서식 지역 ＼ 높은 산 바위 위에서 주로 자랍니다.
꽃 피는 시기 ＼ 여름(6~8월)

이름 ＼ 천리향
정식 명칭 ＼ 서향
뜻 ＼ 서향은 상서로운 향기가 난다는 뜻입니다.
주서식 지역 ＼ 중국 원산의 도입종으로 주로 남부지방에 식
재합니다.
꽃 피는 시기 ＼ 봄(3~4월)

이름 ＼ 만리향
정식 명칭 ＼ 백서향
뜻 ＼ 백서향은 흰 꽃이 피는 서향입니다.
주서식 지역 ＼ 제주도를 비롯한 남부지방 해안가 숲속, 주로
제주도 곶자왈에서 자랍니다.
꽃 피는 시기 ＼ 봄(2~4월)

백 리를 가는 백리향

향기는 이동합니다. 바람을 타고 공기의 흐름을 따라 자유롭게 움직이지요.

백리향이라는 이름을 가진 식물이 있습니다. 보통 이름에 '향香' 자가 들어가는 식물은 대체로 향기가 좋습니다. 백리향도 마찬가지지요. 달콤하지도 상큼하지도 않지만 톡톡 튀는 특색 있는 향기가 납니다. 향기가 백 리를 간다고 해서 붙여진 이름으로 그만큼 강한 향기를 가졌다는 뜻입니다.

백리향은 땅에 붙어 옆으로 기면서 자랍니다. 주로 바위틈에 뿌리를 내리고 바위 위를 기면서 자라지요. 백리향은 키가 아주 작지만 엄밀히 말하면 나무입니다. 풀과 나무의 중간 형태의 성격이라 해서, 반은 관목의 형태를 띤다는 뜻으로 '반관목'이라고도 합니다. 땅 위의 줄기가 겨울 동안에도 살아남아 봄이면 그 줄기에서 잎이 돋아난다는 뜻이지요. 백리향은 우리나라에서 정원수로도 많이 쓰이는데 지피식물처럼 정원 바닥에 깔리게 식재하는 경우가 흔합니다.

백리향의 학명은 타이무스 킨퀘코스타투스*Thymus quinquecostatus*입니다. 타이무스는 '향기를 뿜다'에서 유래된 그리스어 '타임thyme'에 기원을 두고 있습니다. 신에게 바치는 것으로 신성하다는 뜻을 가진 타이모thymo에서 유래되었다고 전해지기도 합니다. 종소명 킨퀘코스타투스는 '5개의 주맥이 있는'이라는 뜻입니다. 어디에 있는 주맥을 뜻하는지는 분명하지 않지만, 숫자 5와 관련 있는 부분은 꽃받침과 꽃잎이 다섯 갈래로 갈라지는 것입니다. 속명의 기원이 된 '타임thyme'은 낯이 익지요. 많이들 아는 허브 '타임'입니다.

백리향은 우리나라에 자생하는 한국산 '타임'입니다. 타임이라는 이름만으로도 향기를 짐작할 수 있겠지요? 그러니 백리향의 향기를 맡아보세요. 타임이라고 부르는 외국산 허브보다 더 매력적인 향기를 느낄 수 있을 것입니다. 이런 백리향이 우리나라만의 특산종은 아닙니다. 우리나라에도 자생하고 해외에서도 자생합니다.

'허브'는 향과 약초로 활용할 수 있는 식물을 통칭하여 이르는 말입니다. 대표적으로 로즈메리와 민트, 라벤더 등이 있습니다. 대체로 외국산 식물을 허브라고 말하지만 사실 우리나라에도 오래전부터 향신료나 식용으로 활용한 토종 허브들이 많습니다. 산초나무며 초피나무, 방아잎이라고 불리는 배초향도 모두 허브에 속합니다. 이들은 전부 향기가 독특하며 그 향기가 오래 남습니다. 백리향 못지않지요. 그렇다면 더 멀리 가는 향기는 없을까요? 천 리를 간다고 해서 천리향이라는 애칭을 가진 식물이 있고, 만 리를 간대서 만리향이라는 애칭을 가진 식물이 있습니다.

천 리를 가는 천리향

천리향은 '서향'의 애칭입니다. 많은 사람이 서향을 천리향이라 부르지요. 향기가 천 리를 갈 만큼 진하기 때문입니다. 서향은 우리나라 자생식물이 아닙니다. 원산지가 중국이지요. 아주 오래전에 우리나라에 들어왔습니다.

서향의 꽃은 보통 진한 분홍색인데 꽃 바깥쪽이 안쪽보다 더 색이 진합니다. 향기가 아주 강해서 머리가 어지러울 정도지만 매혹적입니다. 실내에서 키울 경우 꽃 한 송이만으로 온 집 안에 향기가 꽉 들어찹니다. 서향瑞香의 한자어 뜻은 '상서로운 향기'입니다. 복되고 좋은 일이 있을 향기라는 뜻이니 그 이름으로도 사람들의 사랑을 많이 받은 나무라는 것을 알 수 있습니다. 남부지방에 주로 식재하고 중부지방은 실내나 온실에서 키워야 겨울을 이길 수 있습니다. 키가 보통 1미터 내외이고 사철 내내 푸른 잎을 가지는 상록활엽수입니다.

우리나라에 식재하는 서향은 대부분 수그루(수컷나무)여서 열매가 열리는 것을 보기 어렵습니다. 삽목 등의 방법으로 개체수를 늘리기 때문에 수그루가 대부분입니다. 암수딴그루인 식물들은 암수가 적절히 섞여 있어야 열매를 맺을 수 있지요. 서향은 주로 꽃과 그 향기를 감상하는 나무로 학명은 다프네 오도라*Daphne odora*입니다. 속명 다프네는 월계수가 되어 원치 않는 구애를 피했다는 그리스 요정의 이름이라고 합니다.

오도라는 '꽃다운 향기가 나는'이라는 뜻으로 서향이라는 이름과 그 뜻이 통합니다. 이름도 꽃도 향기도 우아하고 고혹적인 매력을 품고 있다 보니 관상용으로 다양한 품종이 개발되어 있습니다. 흰서향, 흰꽃이월서향 등이 있고, 우리나라에는 자생하지 않지만 네팔이나 부탄의 숲속에서는 다프네를 흔하게 만날 수 있습니다. 다프네 알피나(고산서향), 다프네 라우레

오라(월계서향)라는 이름으로 불리지요.

만 리를 가는 만리향

만리향이라고 불리는 나무는 꽤 많습니다. 향이 강한 나무 중에 이 애칭을 가진 경우가 많지요. 화원에서는 다양한 나무를 두고 만리향이라고 부르는데 노란 꽃이 피는 '금목서'도 그중 하나입니다. 금목서는 향기가 화려하고 매혹적이어서 저절로 킁킁거리며 향기 나는 곳을 찾게 됩니다. 이 나무는 중국이 원산으로 우리나라에 있는 나무는 다 식재한 것이라 보면 됩니다. 따뜻한 곳을 좋아해서 제주도나 남부 해안 지방은 노지에도 식재가 가능합니다. 하지만 중부지방으로 올라오면 추위로 인해 온실에 심어야 잘 자랍니다. 온실 안에 금목서의 노란 꽃이 피기 시작하면 온실은 향기로 가득해집니다. 또 온실에서 화분에 돈나무를 심어 기르며 만리향이라고 하기도 하지요. 역시 향기가 일품입니다.

　만리향 애칭을 가진 여러 나무 중에서 서향과 유사한 백서향이 있습니다. 백서향은 서향과 다르게 우리나라에서도 자생하는데 제주도 곶자왈 어둑어둑한 음지에서 볼 수 있습니다.

희귀한 나무인 백서향은 초봄에 꽃이 핍니다. 아직 육지에는 겨울이 나무 끄트머리에 매달려서 갈듯 말듯 할 때, 제주도의 짙푸른 상록수 숲에서 흰 꽃들이 눈부시게 피어납니다. 이름에서 알 수 있는 것처럼 상서로운 향기가 납니다. 속명은 서향과 같은 다프네*Daphne*이고 종소명은 큐시아나*kiusiana*입니다. 큐시아나는 '일본 규슈에서 나는'이라는 뜻입니다. 일본 규슈에서 처음 발견된 것으로 추측됩니다.

백리향과 천리향, 만리향은 친척이라고 볼 수 있을까요? 백리향은 꿀풀과이고, 천리향(서향)과 만리향(백서향)은 팥꽃나무과로 과科부터 완전히 다릅니다. 서향과 백서향은 같은 속으로 서로 많이 닮았습니다. 백리향은 천리향, 만리향과 '향기'라는 공통점이 있을 뿐, 생김이나 살아가는 습성 등이 유사한 친척은 아니랍니다.

향기라고 하면 으레 기분이 좋은 것으로 생각합니다. 그러나 항상 좋은 것은 아닙니다. 대체로 향기라고 일컫는 경우는 매력적이고 아름다울 때이며, 그렇지 않을 때는 통상 냄새라고 하지요.

그런데 꽃 중에는 향기라고 하기 어려운 냄새를 풍기는 꽃들도 있습니다. 우리나라 식물 중에도 그런 경우가 종종 있지요. 백당나무가 그렇고 매발톱나무도 그렇습니다. 생김은 화사하지만 백당나무 꽃에서는 퀴퀴한 냄새가 나고 귀여운 매발톱나무 꽃에서도 비릿한 냄새가 납니다. 그렇다고 모든 곤충이 그 냄새를 싫어하는 것은 아닙니다. 그렇다면 꽃이 굳이 냄새를 뿜을 이유가 없겠지요. 백당나무의 흰 꽃에서 퀴퀴한 냄새가 나면 다양한 곤충들이 날아옵니다. 매발톱나무 드롭귀걸이 같은 꽃차례에 노란 꽃이 총총 모여 피면 주로 파리류들이 많이 달려듭니다. 그들이 꽃가루받이를 돕지요. 그래서 매발톱나무는 생김새와 다르게 비릿한 향기, 아니 냄새를 가졌습니다.

외국종으로는 세계적으로도 소문날 만큼 커다란 꽃을 평생 한 번 피우는 라플레시아가 그렇고, 타이탄아룸이 그렇다고 들었습니다. 그러나 저는 라플레시아도 타이탄아룸도 직접 본 적이 없습니다. 이 꽃들을 꼭 자생지에서 직접 보고 싶습니다. 매체를 통해서 여러 번 봤기 때문에 형태는 잘 알지만 냄새는 직접 만나지 않고는 경험할 방법이 없지요. 동물의 사체 썩는 냄새가 난다고 하는데 늘 궁금합니다.

백리향, 천리향, 만리향이라고 불리는 식물들은 향기뿐만 아니라 그 모습도 참 곱습니다. 특히 백서향이 꽃을 피울 때 제주도 곶자왈에 들어가면 군데군데 촛불을 밝혀놓은 것 같습니다. 꽃 속에서 밖으로 흩뿌려진 빛으로 어두운 숲이 다 환해지지요. 어쩌면 그 빛이 천 리도 만 리도 갈 수 있을지 모릅니다. 사람의 마음을 밝혀서 말이지요.

향기에 있어서 천 리와 만 리는 상징적 의미입니다. 천리향도 만리향도 그만한 거리를 실제로 가지는 못합니다. 그러나 백 리는 진짜로 갈 수 있습니다. 그렇다면 실제로 그 향기가 꽃에서부터 백 리까지 뿜어 나갈까요? 백리향은 꽃뿐만 아니라 식물체 전체에 향기가 있습니다. 잎에도 줄기에도 향기가 가득하고 겨울에도 시든 채 그 향기를 그대로 품고 있습니다. 그렇다 해도 백 리, 즉 약 40킬로미터를 정말 갈 수 있을까요? 저는 알고 있습니다. 그 향기를 백 리까지 데리고 갈 방법을요.

아주 간단합니다. 향기를 차에 태워서 가면 됩니다. 그러나 식물체를 채집해서 차에 태우는 건 반칙입니다. 향기만 데리고 가야 합니다. 생각보다 어렵지 않습니다. 내 몸에 묻혀서 가면 되거든요. 키가 작고 잎도 조그마한 백리향을 만나면 애인에게 하듯이 손으로 사랑스럽게 쓰다듬으세요. 그리고 그 손을 씻지 않은 채로 차에 올라타고 원하는 곳으로 가는 거지요. 거기가 어디가 될지는 모르지만 손바닥에 묻은 향기는 쉬 사라지지 않습니다. 아마도 백 리는 거뜬하게 가고도 남을 것입니다.

아, 주의사항이 있습니다. 백리향의 향기를 백 리까지 데리고 가기 위해서는 반드시 지켜야 합니다. 향이 있는 핸드크림을 사용하지 말 것. 역시 향이 있는 화장품을 얼굴에 바르지 말 것. 향수를 사용하지 말 것. 인공적인 향기는 자연의 향기를 느끼는 데 방해가 됩니다. 이 세 가지만 지키면 백리향은 이름처럼 백 리 정도는 흔쾌히 함께 가줄 것입니다.

무환자나무

사람을 살리는
듬직한 나무

이름 ▪ 무환자나무
뜻 ▪ 근심이나 병을 없애는 나무라는 뜻입니다.
주서식 지역 ▪ 제주도 및 남부지방
꽃 피는 시기 ▪ 초여름(5~6월)

국립수목원의 종자 보존을 위한 연구실에서 근무할 때의 일입니다. 그때 저는 종자와 증거표본들을 수집, 분류하고 식물체를 표본으로 제작하는 일을 맡아 했습니다. 수집한 종자들을 일일이 어떤 식물인지 확인하고 분류하는 것은 저에게 아주 흥미로운 일이었습니다. 또 그 일을 하면서 씨앗이라는 존재에 아주 특별한 애정을 갖게 되었지요. 다양한 열매들을 만나며 그동안 알지 못했던 씨앗들을 많이 관찰할 수 있었습니다. 그러다가 어느 날 희한한 열매를 만나게 되었어요. 이름은 이미 알고 있고 나무를 몇 번 본 적도 있지만, 한 번도 열매를 본 적은 없었습니다. 저의 흥미를 자극한 그것은 제주도에서 보내온 무환자나무의 열매였습니다.

무환자나무는 제주도 일부 지역에 야생한다고 알려져 있지만 주로 사람이 식재한 경우가 많습니다. 주 자생지는 중국 중남부나 베트남, 인도네시아 등으로 우리나라 내륙보다 남쪽입니다. 제주도나 일부 남부지방에 식재했던 무환자나무가 남은 경우가 종종 있지만 그 외 지역에서는 보기 어렵고 저 역시 자주 보지 못했던 나무였지요.

무환자나무 열매는 참 재미있게 생겼습니다. 크기가 2센티미터는 족히 되어 보이는데 누렇고 반투명한 듯한 동그란 열매가 보통 2개씩 맞붙어 있습니다. 그중 하나가 떨어져서 1개가 달린 경우도 있습니다. 열매 표면이 약간 울퉁불퉁한데 그 모습이 꼭 달 표면 같다는 생각이 들었습니다. 누런 껍질을 벗기자 안에서 아주 동그랗고 까만 씨앗이 나타났습니다. 한쪽 부분에는 털이 잔뜩 붙어 있었고요. 씨앗을 봤을 때 가장 인상 깊었던 점은 '검다'는 것이었습니다. 식물의 씨앗들은 검은 경우가 꽤 많습니다. 그러나 그동안의 '검다'라는 표현이 무색할 정도로 정말 새까만 색이었습니다. 열매 표면의 반투명한 누런색 다음으로 그 검은색이 신비스러웠지요. 열매와 씨앗에 대한 혼자만의 감상에 빠져있다가 또 다른 궁금증이 생겼습니다. 바로 '이름'이었습니다.

무환자나무는 한자를 無患子로 씁니다. 뜻을 그대로 풀이하면 '자식으로 인한 근심 걱정이나 병이 없다'라는 뜻이지요. 그런 의미 때문인지 "집에 심으면 귀신을 쫓아서 우환이 없게 한다"라는 말이 전해져오기도 합니다. 아주 좋은 뜻의 이름을 가졌지요. 보통 환자라고 하면 한자로 患者(환자)로 씁니다. 아들 子(자) 대신에 사람 者(자)를 쓰지요. 무환자나무의 중국명을 그대로 가져와서 우리나라에서도 無患子(무환자)로 쓰고 있다지만 폭을 넓혀 사람을 아우르는 이름으로 생각해 보기로 했습니다.

무환자나무의 이름을 간단히 푼다면 '환자가 없다'라는 뜻이 되겠지요. 환자를 없게 하는 나무. 그 이름에 흥미를 품고 나름대로의 증거를 찾아보기로 했습니다. 일단 학명을 찾아보았습니다. 학명은 사핀두스 무코로씨*Sapindus mukorossi*였습니다. 종소명 무코로씨는 일본어를 그대로 쓴 것으로 무환자나무를 뜻합니다. 저의 흥미를 끈 것은 바로 속명 '사핀두스'였습니다. 라틴어 사포*sapo*와 인디쿠스*indicus*의 합성어로 '인도의 비누'에서 유래된 학명이란 것을 알았습니다. 열매 껍질에 비누 성분이 있어서 예부터 인도에서는 세탁할 때 사용했다고 합니다. 뭐든지 글로만 확인하면 재미가 덜하지요. 비누 성분이 있다고 하니 거품이 나려나? 궁금증을 해결하기로 했습니다.

그래서 바로 실험을 했습니다. 눈앞에 무환자나무의 열매가 한보따리 있으니 아주 좋은 환경이었지요. 더구나 실험실 안에서 바로 물을 사용할 수 있어서 굳이 화장실로 갈 필요도 없었습니다. 열매 몇 개를 그대로 움켜쥐고 수도꼭지를 틀었습니다. 그러고는 비누로 손을 씻듯이 열매를 움켜잡은 손을 살살 비볐습니다. 어라? 놀라웠습니다. 진짜 거품이 일었거든요. 비누만큼 많은 양은 아니지만 거품이 생기는 모습을 보고 무척 신기했습니다. '사핀두스(인도의 비누)'라는 속명이 무색하지 않았지요. 나무의 성격을 아주 잘 나타낸 적절한 이름이었습니다. 그 후 저는 무환자나무라는 이름과 더불어 속명과 열매의 모양과 거품과 비누라는 모든 것을 함께 기억할 수 있었습니다. 그들은 서로 한데 묶여서 절대로 떨어지지 않았지요. 더불어 한 가지 더 알게 된 게 있었습니다. 무환자나무는 환자가 생겼을 때 고치고 치료하는 약재로 쓰였다기보다, 위생을 담당하여 병이 생기지 않도록 미리 예방하는 나무라는 것을요.

사람이 살면서 많은 근심이 있겠지만 사실 건강에 대한 것이 가장 흔하고 힘든 근심이 아닐까 합니다. 오죽하면 "건강을 잃으면 모두 다 잃는 것이다"라는 말이 있을까요. 큰 병은 아니더라도 몸살이라도 앓게 되면 건강은 더욱 절실해지지요. 며칠 앓다가 일어나면 세상이 다 아름답고 매사가 즐거우며 건강한 상태를 감사하게 여기게 됩니다.

우리는 모두 코로나바이러스로 몇 년 동안 자유롭지 못한 시절을 보냈습니다. 여행은 물론이고 가족조차 잘 만나지 못했지요. 전 세계가 그랬습니다. 많은 사망자가 나오고 일부 나라에서는 시신조차 처리하기 어려운 시절을 보냈지요. 참 끔찍한 시간들이었습니다. 팬데믹을 겪으면서 건강이 그 무엇보다 소중하다는 사실을 전 지구인이 한꺼번에 깨닫게 되었지요. 또 병을 예방하는 일이 무엇보다도 중요하다는 사실을 더불어 알게 되었습니다. 전 세계 사람들이 모두 마스크를 쓰고 벗지 못하는 시간을 아주 길게 보냈습니다. 어디든 손소독제를 비치하고 비누를 사용해 손가락 사이사이를 야무지게 씻는 방법을 새로 배우기도 했습니다. 잘 씻기만 해도 많은 병을 예방할 수 있다는 것을 우리는 체감했지요.

오래전 비누 대신 사용했다고 하는 무환자나무 열매는 그저 특이하고 예쁜 열매만은 아니었습니다. 일부 나라에서 사용하긴 하지만 사람의 생활에 깊이 관련되어 있었고, 사람에게 해를 끼칠 수 있는 많은 바이러스나 균으로부터 지켜주던 나무였습니다. 그런 뜻에서 집에다 심으면 우환을 없앤다는 의미로 확대되었을 것입니다. 무환자나무는 바로 그런 나무입니다.

뱀을 머리카락으로 가진 여신

이름 ﹅ 가시연꽃
뜻 ﹅ 식물체 전체에 가시가 많습니다.
주 서식 지역 ﹅ 중부 이남, 요즘은 인공연못에 식재를 많이 해서 중부지방에서도 흔하게 볼 수 있습니다.
꽃 피는 시기 ﹅ 여름(8~9월)

머리카락이 뱀인 여신이라고 하면 우리에게는 메두사가 익숙합니다. 그리스신화에 등장하는 메두사는 고르곤 세 자매의 막내지요. 첫째가 힘센 여자 '스텐노', 둘째가 멀리 떠돌아다니는 여자 '에우리알레'입니다. 고르곤 자매라고 하면 으레 지배하는 여왕 '메두사'를 떠올리기 쉽습니다. 고르곤 자매는 여신이자 괴물로 알려져 있는데 뱀으로 된 머리카락은 물론이고 멧돼지의 어금니, 용의 비늘로 덮인 몸, 청동으로 된 손, 금으로 된 날개를 지니고 있다고 합니다.

에우리알레는 영원히 죽지 않는 불사의 여신으로 이름의 뜻은 '넓게 방황한다', '멀리 떠돌아 다닌다'입니다 그리고 이 에우리알레를 속명으로 가진 식물이 바로 '가시연꽃'이지요. 가시연꽃의 학명은 에우리알레 페록스*Euryale ferox*이며 속명이 에

우리알레입니다.

가시연꽃은 이름처럼 가시가 아주 많습니다. 온몸이 가시 투성이인 식물체가 머리카락이 뱀인 이들을 연상시켰나 봅니다. 그런데 세 자매 중 왜 에우리알레를 속명으로 삼았을까요? 더 유명한 메두사도 있는데 말이죠. 그걸 저는 이렇게 생각해 봅니다. 가시연꽃의 생태 때문일 거라고요. 가시연꽃은 여러 해 동안 씨앗이 발아하지 않고 휴면할 수 있는 능력을 가진 식물입니다. 대부분의 여름에는 큰 못 여기저기 흩어져서 몇 개의 잎만 드문드문 있습니다. 자신을 드러내지 않고 휴면할 적에는 멀리서 봤을 때 여기저기 떠돌아다니는 것 같습니다. 그러다 어느 해, 씨앗이 발아할 적당한 환경이 오면 못의 수면을 다 뒤덮어 버릴 정도로 번성하게 되지요. 번성할 때는 잎들이 아주 넓은 면적을 방황하는 것 같고요. 그런 능력을 가진 우리나라 자생식물은 에우리알레라는 속명을 가진 가시연꽃 한 종 뿐입니다.

경상북도 경산이라는 작은 도시는 전국에서 1등인 게 한 가지 있습니다. 그건 바로 '못'인데요. 농사용 저수지로 쓰이는 못이 아주 많은 곳이 경산입니다. 언제부터 물을 가두어 농사용으로 사용했는지는 정확히 모릅니다. 못 중에서 가장 유명세를 타고 있는 반곡지는 약 120년 전에 축조되었다고 합니다. 반곡지는 영화나 사극 드라마에 자주 출연합니다. 저수지 둑이 너른 흙길로 되어 있고 못 둑에 오래된 아름드리 왕버들이 많습니다. 봄이 되면 일제히 잎을 틔워 연두색이 가득해집니다. 왕버들 모습이 물에 반영되어 더욱 아름다운 풍경이 연출되지요.

경산의 이런 못들은 한 가지 공통점이 있는데 바로 쉽게 마르지 않는다는 것이지요. 아무리 가뭄이 심해도 다른 지역에 비해 물이 잘 마르지 않습니다. 사람이 일부러 물을 빼기 전까지는 바닥을 보이는 일이 좀처럼 없지요. 이렇게 신기하고 오래된 못들 덕분에 저는 여름이면 신이 납니다. 무지하게 더운 지역이지만 수면을 가득 채운 수많은 수생식물이 아주 매력적이거든요. 그 매력에 빠지면 한여름 더위 정도는 충분히 견딜 수 있습니다.

경산에서는 연꽃이 없는 못을 찾기가 오히려 어렵습니다. 못마다 연꽃이 피고 어떤 못에는 분홍색 연꽃이 가득 차서 물이 보이지 않을 정도입니다. 연꽃만 가득할까요? 작고 귀여운 노랑어리연들이 하늘을 향해 웃고, 마름은 수면을 다 뒤덮고서 한여름에 하얗고 작은 꽃을 별처럼 피웁니다. 마름이라는 이름은 말밤이 변형된 것으로 보고 있습니다. 말밤은 밤과 같은 맛이 나는 열매를 가진 물풀 정도로 해석됩니다. 열매를 먹을 수 있다는 뜻이지요.

　햇볕이 무서울 만큼 내리쬐는 여름날, 버스를 타고 도로 옆 못을 지날 때면 늘 수면에 뭐가 있나 살피는 일로 눈길이 아주 분주합니다. 그러던 어느 날이었습니다. 종종 지나다니던 곳이 그날은 달라 보였습니다. 달라 보인 게 아니라 달라졌습니다. 깜짝 놀랐습니다. 한 번도 그런 적이 없었거든요. 못에 가득한 두툼한 잎들은 가시가 빽빽한 가시연꽃이었습니다. 수면을 다 뒤덮은 가시연꽃 잎사귀 위로 백로와 해오라기가 거닐고 있었지요.

　제가 놀란 이유는 가시연꽃을 처음으로 보아서가 아니었습니다. 멸종위기 2급이자 희귀식물로 대우받는 가시연꽃도 연꽃 못지않게 많은 동네니까요. 그동안의 경우를 보면 연꽃과 가시연꽃은 앙숙인 것 같습니다. 같은 못에 분명히 함께 사는데도 불구하고 그들은 좀처럼 어울리는 일이 없거든요. 어느 해에는 연꽃이 가득하고 가시연꽃은 그저 가장자리로 밀려나 겨우 잎사귀 몇 개만 보일 때도 있습니다. 또 어느 해에는 연꽃이 구석 자리로 밀려나 꽃을 조촐하게 피우고 가시연꽃이 전체를 뒤덮기도 합니다. 해마다 세력 다툼이 일어났지요.. 여름이 오기 전에 올해는 누가 이길까 궁금해하면서 늘 수면을 유심히 살피게 됩니다. 보통은 연꽃이 우위인 경우가 더 많았습니다. 가시연꽃은 수 년 만에 겨우 한 번 정도 기세를 펼쳤지요.

연꽃은 여러해살이풀입니다. 밑반찬이나 전으로 먹는 연근은 연꽃의 뿌리로 사람의 팔뚝만큼 비대하고 구멍이 숭숭 뚫려있지요. 뿌리가 비대하다는 것은 여러해살이라는 증거이기도 합니다. 비교적 새로운 잎을 틔우기에 유리하지요. 어떤 이유에서인지 그 못에는 늘 연꽃만 가득했었습니다. 한 번도 가시연꽃이 우위를 차지한 적이 없었지요. 그런데 그 해에는 거짓말처럼 연꽃 대신 가시연꽃이 가득했습니다. 가시연꽃은 오래되고 큰 연못에 번성하는 경우가 많은데, 그 못도 마찬가지였습니다. 그런데 왜 그동안 한 번도 가시연꽃이 번성하지 못했을까요? 그 점이 이상했습니다.

얼마 후, 몇 달 전에 못 바닥을 긁어내는 공사를 했다는 이야기를 들었습니다. 어쩌면 그 작업이 가시연꽃이 발아하는 데 필요한 조건을 만들었을 수도 있겠다는 생각이 들었지요. 상류에서 빗물이 개울을 통해 흘러들면 토사가 함께 들어와 쌓이고 씨앗들은 땅속 깊숙이 묻히게 됩니다. 그런데 그 흙을 걷어냈다면 발아할 조건이 만들어졌을 수 있습니다.

가시연꽃은 한해살이풀이기 때문에 늘 새로운 개체가 씨앗에서 발아합니다. 또 뿌리를 비대하게 키울 필요가 없습니다. 한 해를 살고 뿌리까지 다 죽기 때문에 뿌리에다 양분을 과하게 투자할 이유가 없지요. 대신 오랫동안 물속 흙 아래에 묻혀 있어도 견딜 수 있는 씨앗에다 투자하지요. 가시연꽃 씨앗의 휴면기간은 사람도 측정하기 힘들 정도입니다. 수십 년이 걸린다는 말도 있지요. 수백 년이 넘은 연실(연꽃, 가시연꽃의 씨앗)이 유물과 함께 출토되는 경우도 있습니다. 심지어는 그 씨앗이 발아되었다는 기사도 있었습니다. 그 정도는 아니어도 그 못 바닥에 묻혀 있던 씨앗들도 최소한 수십 년은 휴면상태였을 겁니다. 그러다 어느 해 조건이 맞아서 동시 발아했을 것으로 생각됩니다.

연꽃보다 잎이 어마어마하게 큰 가시연꽃은 우리나라의 자생식물 중에서 잎이 가장 큽니다. 잘 자란 잎은 1미터가 훨씬 넘습니다. 육안으로만 보아도 지름이 1.3미터 정도 되어 보이는 잎들이 많습니다. 씨앗에서 시작해서 그렇게 잎이 자라는 데까지 몇 달이면 충분합니다. 그 속도가 매우 빠른 셈이지요. 큰 잎에는 무시무시하고 거칠어 보이는 가시들이 가득합니다. 그들의 독보적인 특징이지요.

가시연꽃 외의 수생식물 중 그 누구도 가시로 완전히 무장하지는 못했습니다. 가시연꽃은 잎 표면의 잎맥은 물론이고 꽃 줄기며 자그마한 자주색의 꽃을 감싼 꽃받침까지 촘촘하게 가 시가 가득합니다. 볼 때마다 눈에 보이지 않는 잎 뒷면이 궁금 했습니다. 한번 뒤집어 보고 싶었지요. 가슴팍까지 오는 물속 으로 걸어 들어가면 모를까 그렇지 않고서는 손이 닿을 만큼 가까운 잎을 만나긴 어려웠습니다. 설사 손이 닿는다 해도 커 다란 잎을 뒤집을 힘이 제게는 없었지요.

그러다가 몇 해 후, 국립수목원에서 가시연꽃을 심어 놓은 것을 발견했습니다. 커다란 수반에 심은 가시연꽃이 야외에 전 시되었지요. 잎이 기껏해야 50센티미터가 채 될까 말까였습니 다. 저는 그 앞에서 한참을 서성이다가 주변에 사람이 없을 때 얼른 잎을 들고 뒤집었습니다. 뒷면을 보는 순간 입이 떡 벌어 졌습니다. 색깔 때문이었지요. 어두침침한 색일 거라고 짐작했 는데 아주 밝은 보라색이었습니다. 꽃보다 조금 더 진한 색이 었지요. 가시연꽃은 가시투성이인 꽃받침 속에서 아주 맑고 밝 으며 자그마한 자주색 꽃이 핍니다. 그 꽃보다 조금 더 진한 잎 뒷면의 색은 인위적으로 키운 개체라서 자생에서 자란 것보다 는 많이 연하고 맑았을 것입니다.

가시연꽃 뒷면의 돌출된 잎맥은 두께와 폭이 1센티미터는 족히 되어 보였고 그 위에는 역시 가시가 가득했습니다. 그 가시는 앞면과 모양이 달랐습니다. 앞면은 고양이 발톱 같은 모양이고 뒷면은 직선으로 쭉 뻗은 모양이었습니다. 색은 고우나 무시무시한 가시로 중무장한 이유가 무엇인지 궁금했습니다. 물속에도 그들의 천적이 있는 것일까요? 그렇지 않고서야 굳이 뒷면까지 무시무시한 가시를 가지고 있을 이유가 없지 않을까 하는 생각이 들었습니다. 어쨌든 그들의 모습은 가시연꽃이라는 이름이 아주 타당했습니다.

이렇게 독특한 개성이 있는 식물들을 보면 그 이름과의 연관성을 생각하게 됩니다.

가시연꽃의 종소명 페록스*ferox* 역시 '가시가 많은', '굳센 가시가 있는'이라는 뜻으로 붙여졌습니다. 영명 Prickly waterlily도 '가시가 많은 수련'이라는 이름입니다. 가시연꽃은 국명도 학명도 영명도 그들이 가진 무시무시한 가시가 강조되었습니다. 가시 속에서 작지만 고운 꽃을 피우는데도 이 식물을 처음 보면 커다란 잎과 가시만 눈에 들어옵니다. 그러니 비록 무시무시한 신화 속 괴물의 이름을 가졌어도, 왜 꽃 이름을 하필 이렇게 지었냐는 불만스런 생각이 전혀 들지 않습니다. 그런데 여기서 한 가지 의문이 생겼습니다. 고르곤 자매를 괴물로 보는 게 타당할까요? 여신으로 보는 게 타당할까요? 저는 가시연꽃을 사랑한다는 이유로 에우리알레와 그녀들을 여신으로 보고 싶어졌습니다. 에우리알레가 여신이어야만 그 이름 그대로 명명된 가시연꽃도 왠지 여신의 반열에 오를 수 있을 것 같아서 말이죠. 충분히 그럴만한 자격이 있는 아름답고, 생명력이 강인한 식물이거든요.

며느리밑씻개

전설보다 중요한
가시의 쓸모

이름 며느리밑씻개

뜻 며느리에게 밑을 닦으라 주었다는 옛말이 있습니다.

주서식 지역 전국 각지에서 자라며 주로 물가에서 잘 자랍
니다.

꽃 피는 시기 여름(7~9월)

며느리밑씻개. 이 이름에 대한 다양한 이야기는 여러 책에서 소개되었고 인터넷 검색으로도 많은 내용을 접할 수 있습니다. 이름으로 보면, 가시가 많은 이 풀로 며느리의 뒤를 처리하게 했다는 간단한 내용입니다. 고부갈등이 배경에 깔려 있음을 알려주는 이름이기도 하지요. 가정에서의 차별과 계급이 느껴지는 이름으로 며느리의 처지가 어떠했는지 짐작할 수도 있습니다.

우리나라 식물에는 며느리밑씻개 말고도 '며느리'라는 단어가 들어가 있는 식물이 꽤 있습니다. 며느리밑씻개와 아주 유사한 며느리배꼽이 있고, 또 며느리밥풀이 있습니다. 며느리배꼽은 며느리밑씻개와 꽃과 잎의 생김새가 아주 비슷합니다. 며느리배꼽은 열매가 배꼽을 닮았다고도 하고, 또 잎자루의 위치에서 이름이 유래되었다고도 합니다. 며느리밑씻개의 잎자루는 잎 밑에 붙어 있지만 며느리배꼽은 잎 밑에서 조금 더 위쪽으로 잎 뒷면에 붙어 있습니다. 그 위치가 사람의 몸통으로 보면 배꼽 정도의 위치로 생각되어졌나 봅니다.

며느리밥풀은 접두어가 붙은 몇 개의 종으로 나누어집니다. 꽃며느리밥풀, 수염며느리밥풀, 알며느리밥풀과 새며느리밥풀, 애기며느리밥풀이 있습니다. 이들의 꽃은 거의 같은 모양을 하고 있습니다. 아래쪽 입술꽃잎의 중앙 부분에 밥풀이 붙은 것 같은 볼록한 2개의 흰색 무늬가 있습니다. 그 모습이 혀 위에 올려진 밥풀 같아 보입니다. 모진 시집살이를 하던 며느리가 밥풀을 훔쳐 먹다가 시어머니에게 들켜서 매 맞아 죽었고 그 후 꽃으로 피었다는 슬픈 이야기가 담긴 꽃입니다.

'며느리'라는 단어가 들어간 식물은 대체로 아픈 이야기를 품고 있습니다. 그러나 그 이야기들의 흐름이 조금씩 다릅니다. 그래서 어떤 이야기가 최초인지 어떤 경로를 통해서 이런 이야기들이 만들어졌는지 정확히 알기는 어렵습니다. 그저 기록으로만 '언제부터 이런 이름으로 불렸을 것이다'라고 추측하고 그 이유를 추정할 뿐이지요. 그러나 그건 기록으로 남아 있는 시점이 그러한 것입니다. 이미 더 오래전부터 누군가에게서 불려졌을지도 모릅니다. 아니면 실제로 기록된 그 시점에 기록을 위해 누군가가 그런 이름을 새로 붙였을지도 모르겠습니다.

어쨌든 며느리밑씻개는 현재 이런 이름을 가졌습니다. 그렇다 보니 사람들은 이 식물의 생김새나 꽃이 가진 단아하고 고운 모습보다는 그저 가시만 보는 경향이 있습니다. 이것이 가끔 안타깝습니다. 과연 며느리밑씻개는 어떤 모습을 하고 있을까요? 그런 모습을 가지게 된 이유는 무엇일까요? 거기에 집중해보고자 합니다.

며느리밑씻개의 속명은 페르시카리아*Persicaria*입니다. 이는 복사나무(복숭아나무)를 닮았다는 뜻입니다. 그렇다면 여뀌속(페르시카리아*Persicaria*)에 속하는 식물은 모두 잎이 복사나무를 닮았을까요? 그건 아닙니다. 애초에 속명이 그렇게 지어졌을 뿐이고 같은 속屬에 속하더라도 형태가 약간 다를 수 있습니다. 여뀌속 식물 중 대표적으로 복사나무 잎을 닮지 않은 식물이 바로 며느리밑씻개와 며느리배꼽입니다. 이들은 좀 더 각지거나 부드럽긴 하지만 잎이 삼각상입니다. 긴 타원형으로 생긴 복사나무와는 판이하지요. 따라서 속명의 뜻만으로 그 식물의 형태를 짐작하는 것은 위험합니다. 그러니 책으로만 식물 공부를 하는 것은 권하고 싶지 않습니다. 책 속에서 식물을 깊이 있게 공부했다 하더라도 직접 보는 느낌은 다를 수 있거든요. 꼭 현장에서 직접 식물을 눈으로 보고 만져보고 느끼고 사유하는 과정을 거치는 것이 사람 잡는 선무당에서 조금이라도 멀어지는 길입니다.

며느리밑씻개의 종소명은 무엇일까요? 종소명 센티코사 *senticosa*는 가시가 빽빽하다는 뜻입니다. 줄기와 잎 뒷면에 가시가 상당히 많습니다. 풀잎에도 가시가 거칠고 강해서 긁히면 피가 날 정도지요. 일반적으로 식물의 가장 중요한 부분은 생식능력이 있는 꽃이나 열매라고 볼 수 있습니다. 그런데 어쩌다가 잎과 거친 가시에 집중되어 이름이 붙여졌을까요? 학명이나 우리가 부르는 국명이나 똑같이 꽃은 외면되었습니다. 이름이 그렇게 붙은 것은 꽃의 의지가 아니라 사람의 의도였을 뿐입니다. 그렇다면 이름 짓는 사람에게서 외면당한 며느리밑씻개의 꽃은 어떻게 생겼을까요?

며느리밑씻개는 덩굴성인 한해살이풀로 시골 길가나 묵힌 빈터에서 볼 수 있는데 특히 주변에 물이 있는 곳을 좋아합니다. 시골길 가장자리라고 해도 길 옆으로 작은 개울이 흐르는 곳이라면 더욱 쉽게 만날 수 있지요. 꽃은 한여름에 핍니다. 줄기가 많이 갈라지는 편인데 갈라진 줄기 끝이나 잎겨드랑이(줄기와 잎자루 사이)에서 꽃줄기가 나와 여러 개의 꽃이 모여 핍니다. 꽃의 색은 가히 곱다고 할 수 있어요. 연한 분홍색이 도는 흰색의 꽃은 그 끄트머리가 더욱 진한 분홍색으로 됩니다. 작은 꽃들이 아래쪽부터 수줍게 분홍색을 품은 듯 아닌 듯한 색으로 시작하여 점차 진한 분홍색으로 이어지지요. 그 색은 말갛기 그지없고 꽃을 건드리면 깨끗한 이슬 한 방울이 똑 떨어질 것 같습니다. 어쩌면 그 속에 귀여운 요정이 꽃으로 고깔모자를 만들어 쓰고 숨어 있을지도 모릅니다.

그뿐만이 아니랍니다. 그 속에 살포시 들어앉아 고개를 내미는 순백색의 수술은 너무나도 순수합니다. 그런 꽃을 들여다보고 있노라면 마음까지 순수해집니다. 이런 고운 모습에 반전도 품었습니다. 작지만 아름다운 꽃에는 꽃잎이 존재하지 않는답니다. 꽃잎으로 보이는 화사한 분홍색은 엄격히 말하면 꽃받침입니다. 꽃받침을 꽃잎으로 가장하여 꽃이 핀 것이지요.

며느리밑씻개는 누군가를 매혹하기 위해 자신을 위장하는 영악함도 가졌습니다. 사람이 생각하는 평범한 꽃받침을 완벽히 거부한 것이지요. 이렇게 섬세한 아름다움과 반전 매력까지 가졌는데도 학명도 국명도 잎과 줄기에만 집중되었습니다. 왜 그랬을까요? 꽃을 꺾으려다가 줄기에 달린 억센 가시에 손이라도 긁혔을까요? 그래서 꽃보다 가시가 더 진하게 마음에 남았을까요?

사람이 아닌 며느리밑씻개의 입장에서 이름을 생각하고 싶어졌습니다. 식물의 입장에서 가시가 있는 이유는 무엇일까요. 가시는 외부로부터 나를 보호하기 위한 수단입니다. 자신을 꺾으려는 사람을 찌르려는 의지가 그들의 목적이지요. 특히 아직 열매가 되지 못한 꽃의 경우에는 더욱 그럴 것입니다. 꽃이 훼손되면 번식에 실패하는 것은 자명한 일이니까요. 훗날 열매가 잘 익었을 때 그 가시들이 어떤 용도로 쓰일지는 뒷날의 일일 뿐입니다. 꽃일 경우는 무조건 자신을 지켜야만 하지요. 그래서 그들은 귀여운 외모와는 달리 꽤 무시무시한 가시를 가졌습니다. 가는 줄기에 달린 작은 가시를 자세히 살피면 장미 가시와 아주 유사합니다. 그 가시로 사람이 어떤 이름을 붙였든, 며느리밑씻개라 불리는 이 식물은 개의치 않습니다. 그저 가는 줄기를 키워 삼각상의 잎을 만들고, 그 끝에 연하고 곱고 작은 분홍색 꽃을 피우는 귀여운 식물인 것이지요.

새로운 식물의 기록을 위해 붙인 이름은 그들이 선택한 것이 아닙니다. 어떤 이름은 식물과 어울리게 아름답지만, 어떤 이름은 식물의 의도와는 상관없이 그저 사람의 입장에서 붙인 것들이 많지요. 그런 면에서 며느리밑씻개는 귀엽고 새침한 외모와는 다르게 어떻게 보면 거부감이 느껴지는 이름으로 불리게 되었습니다. 그들은 어쩌면 억울할지도 모릅니다. 또 어쩌면 "니들은 그렇게 불러. 나는 아무래도 상관없어" 하면서 사람이라는 존재는 신경 쓰지 않을지도 모릅니다. 그저 가시로 스스로를 보호하며 자신의 목적에 집중하고 있겠지요. 그러니 그런 이름으로 불린다고 해서 천대받을 이유는 없습니다.

며느리밑씻개라는 이름을 기억하면서 더불어 이들의 형태와 생태도 함께 기억해야 합니다. 그저 특이한 이름이 아닌, 그들의 모습과 삶도 함께 기억하고자 하는 의지가 있어야겠습니다. 그래야만 진정 그들을 알아가려는 이의 자세라 할 수 있겠지요. 더불어 저 역시 잊지 않으려 합니다. 며느리밑씻개든 탱자나무든 모든 식물의 가시는 장미의 가시와 그 의미가 다르지 않다는 것을요.

천사 같은 참당귀,
천사 같은 사람

이름 참당귀

뜻 진짜 당귀라는 뜻입니다.

주서식 지역 내륙 지방의 산 계곡이나 습기가 있는 곳에서
자랍니다.

꽃 피는 시기 여름(8~9월)

당귀속 안젤리카*Angelica*는 라틴어 안젤루스angelus에서 기원되었으며 '천사'라는 뜻입니다. 또 당귀當歸를 한자로 풀이하면 '마땅히 돌아오다' 또는 '균형 있게 돌아오다'는 의미가 있습니다. 이런 천사 같은 당귀에게 도움을 받은 적이 있습니다.

오래전, 그야말로 청춘일 때 친구와 설악산에 올랐습니다. 그 이전에는 설악산 언저리만 가봤을 뿐 제대로 오른 것은 그때가 처음이었습니다. 지금은 탐방안내소가 된 백담산장은 당시 외벽이 몽돌로 되어 있었습니다. 그 산장이 이제 역할을 다했다는 소식을 전해 들었을 때 저는 무척 아쉬웠답니다.

우여곡절 끝에 백담산장을 들러 소청산장으로 향했습니다. 그런데 그 길에 비가 내리고 말았지요. 12킬로미터 정도 되는 산길을 비 맞으며 걸었던 친구와 저는 완전히 녹초가 되어버렸습니다. 소청산장에 도착하자 안도감에 긴장이 풀려서 오한까지 들었고 온몸이 덜덜 떨려서 참을 수가 없었지요. 산장에는 꽤 많은 사람이 머물고 있었고 모두 저를 걱정해 주었습니다. 그중에 어떤 분이 우리에게 다가왔습니다. 약초에 관심이 많아서 약이 되는 식물을 관심 있게 살피는 편인데 마침 당귀 캔 것이 있다고 했습니다. 그것으로 차를 끓여 주겠다며 마셔보라고 하더군요. 처음 만나는 사람의 친절로 따뜻한 당귀차를 호로록 마셨습니다. 당귀차 덕분인지 그날 밤 잠을 꽤 잘 잤습니다. 아침이 되자 몸은 가뿐해졌고 대청봉에 올랐다가 설악동으로 가는 긴 길을 잘 내려올 수 있었습니다.

당귀는 누구나 다 알다시피 한약재로도 사용됩니다. 성질이 따뜻하고 달고 매운 맛이 있으며 독이 없습니다. 약재로서 여러 가지 증상에 효과가 있지만 열이 나고 오한이 드는 것을 낫게 한다고 합니다. 그날 저의 증상에 딱 맞는 차였지요. 그렇다면 그날 제가 차로 마신 것은 정말 당귀일까요? 틀렸다고 할수는 없지만 정확하게 맞다고 할 수도 없습니다.

그 차는 엄밀하게 말하면 참당귀(안젤리카 기가스 *Angelica gigas*) 차였습니다. 왜 참당귀라고 확신하느냐면, 산에서 캤다고 했기 때문입니다. 우리나라에 자생하는 당귀속 식물이 몇 가지 있습니다. 그러나 그중에 '당귀'라는 정명을 가진 식물은 없습니다. 참나무속 식물 중에 참나무라는 이름을 가진 나무가 없는 것과 마찬가지지요. 이름이 가장 비슷한 것이 참당귀입니다. 물론 '참'을 빼고 당귀로 부르기도 합니다. 갈참나무나 졸참나무를 그냥 참나무라고 부르는 것과 같은 경우지요. 그렇다면 우리가 채소로 먹는 당귀는 어떤 식물일까요? 엄격히 말하면 '왜당귀'로 일본이 원산입니다. 그래서 일당귀라고 부르기도 하고 접두어를 빼고 편하게 당귀라고 부르기도 합니다. 다시 말하면 요즘 흔하게 당귀라고 부르는 식물은 왜당귀로, 식용하기 위해 재배하는 식물이지요.

참당귀와 왜당귀 둘 다 당귀속(안젤리카Angelica)에 속합니다. 당귀속 식물들은 그 향기가 아주 독특합니다. 유난히 향기가 강한 식물이 몇 종 있지요. 그중에서 참당귀가 대표적이고 같은 속屬의 '고본'도 향기가 아주 독특합니다. 고본은 높은 산 바위틈에서 자라기도 하는데 잎이 코스모스처럼 가늘게 갈라지는 특징이 있습니다. 그 잎이 신기하여 만지면 손에 향기가 묻어납니다. 이들의 향기를 싫어하는 사람들도 많고 저처럼 좋아하는 사람들도 있습니다. 향기가 비슷한 고본과 참당귀는 꽃도 비슷한 시기에 핍니다. 고본 역시 참당귀와 마찬가지로 독이 없으며 바람으로 인한 두통이나 손발이 뻣뻣한 것을 낫게 하는 약재로 쓰인다고 합니다.

　작은 개울이 있거나, 돌 아래로 물이 흐르는 소리가 들리는 곳이거나, 습도가 어느 정도 유지되는 숲속에 있을 때, 눈에 보이지 않는데도 불구하고 한약 냄새가 코끝을 스치는 경우가 있습니다. 그렇다면 근처에 참당귀가 있다고 추측할 수 있습니다. 향기를 감지했다면 참당귀를 찾는 건 어렵지 않습니다. 키가 꽤 크고 향기 못지않게 특이한 생김새를 가졌기 때문이지요. 꽃은 물론이고, 우산 모양의 꽃줄기며 원줄기까지 모두 검은 자주색입니다. 어두컴컴한 숲속에 어두운 붉은색이 그다지 아름답게 보이지는 않습니다. 약간은 으스스하게 느껴질 수도 있습니다. 그러나 그런 생김새와 첫인상과는 달리 이름은 참 마음을 따뜻하게 합니다.

　당귀속 안젤리카*Angelica*는 앞서 말한 것처럼 라틴어 안젤루스angelus에서 기원되었으며 '천사'라는 뜻입니다. 이 속屬 중에 강심제 효과가 있는 식물이 있고, 그 약효로 죽은 사람을 다시 살릴 수도 있다는 것이지요. 또 그리스어 안젤로스angelos에서 유래했다고 하기도 합니다. angelus에서 유래되었든 angelos에서 유래되었든 '천사 같은 식물'이라는 뜻은 다르지 않습니다. 영어 단어 angel도 그 기원이 다르지 않습니다. 참당귀의 종소명은 기가스*gigas*이고 '거대한'이라는 뜻입니다. 어디가 커서 이런 이름이 붙었을까요?

안젤리카속 식물은 거대한 경우가 더러 있습니다. 궁궁이나 구릿대는 키가 아주 큰 편이지요. 풀인데도 제 키만큼 큰 개체들이 흔히 만나집니다. 꽃차례가 사람 얼굴만 하기도 하고요. 참당귀도 키가 크긴 하지만 이들에 비해 '거대하다'라고 할 정도로 큰 건 아닙니다. 오히려 줄기는 더 가느다랗고 잎도 작습니다. 그래서 생식기관인 꽃을 기준으로 보면 어떨까 싶었습니다. 안젤리카속 식물들은 거의 흰색 꽃을 피웁니다. 하지만 자주색 꽃을 피우는 식물도 있는데 참당귀와 바디나물이 그렇습니다.

같은 안젤리카속이면서 유사한 색의 꽃을 피우는 두 식물을 비교하면 바디나물보다 참당귀가 월등히 큽니다. 키도, 굵기도, 꽃도 어느 하나 예외 없이 크지요. 어쩌면 바디나물에 비해 거대하다는 뜻이 무리가 아닐 수도 있습니다. 또 바디나물은 1873년에, 참당귀는 1917년에 명명되었으니 꽃색이 유사한 바디나물을 기준으로 거대하다고 하지 않았을까 하고 추측해 봅니다. 하지만 이것도 추측일 뿐, 무엇을 기준으로 거대한지 정확히 알 수는 없습니다.

옛날 그 산장에서 힘들어하던 저를 안젤리카가 천사처럼 등장해서 낫게 해주었습니다. 아니, 그 식물로 차를 끓여주셨던 그분이 천사였는지도 모릅니다. 그리고 걱정했던 모든 분이 다 천사는 아니었을까요? 그분들은 모두 큰 마음으로 저를 돌봐주셨습니다. 천사 같은 사람들의 거대한 호의였지요.

잊을 만하면 크나큰 사건 사고와 자연재해가 터집니다. 그럴 때마다 그날 그분들을 비롯해서 누군가에게 도움을 받았던 날들을 생각합니다. 그리고 내가 할 수 있는 일이 무엇인지 생각합니다.

만약에 '지구상에 살고 있는 호모 사피엔스*Homo sapiens*를 직업군으로 더 세밀하게 다시 분류한다면'이라는 가정을 해봅니다. 그리고 '그 기회가 저에게 주어진다면'이라고 역시 가정해 봅니다. 일어나지 않기를 누구나 간절히 바라는 자연재해와 사건 사고, 그때마다 고통받는 위험한 곳으로 사람을 구하기 위해서 뛰어드는 구조대가 있습니다. 그분들처럼 사람의 생명을 살리는 일에 종사하는 사람들을 저는 호모 안젤리쿠스*Homo angelicus*라고 이름 붙이고 싶습니다. 비록 가정이지만 말이에요. 죽어가는 사람을 살릴 수도 있다는 식물 안젤리카*Angelica*처럼, 그들에게 안젤리쿠스*angelicus*, 즉 '천사 같은'이라는 뜻의 이름을 쓰지 않는다면 그 어떤 사람에게 쓸 수 있을까요.

까치밥나무·까마귀밥나무

동물의 이름이
함께하는 식물들

이름 까치밥나무
뜻 까치가 열매를 따 먹는 나무라는 뜻입니다.
주 서식 지역 깊은 산속에 드물게 자생합니다.
꽃 피는 시기 초여름(5~6월)

이름 까마귀밥나무
뜻 까마귀가 먹는 열매를 가진 나무라는 뜻입니다.
주 서식 지역 깊지 않은 산지에서 자랍니다.
꽃 피는 시기 봄(4~5월)

식물 중에는 동물의 이름이 들어가는 경우가 종종 있습니다. 식물의 어떤 부분이 그 동물과 닮아서이기도 하고, 그 동물이 그 식물을 좋아해서이기도 합니다. 호랑버들, 노루귀, 박쥐나물 등 꽤 많은 동물이 언급되지요. 괭이눈과 괭이밥처럼 고양이가 이름인 식물들도 여럿 있습니다.

'호랑버들'은 버드나무류 중에서 꽃이 가장 크고 특히 겨울눈을 감싸고 있는 아린(눈껍질)의 색이 유난히 붉고 광채가 납니다. 비스듬하게 뻗은 가지의 붉은 겨울눈이 치켜뜬 호랑이의 눈을 닮았다고 해서 그렇게 불린다고 전해집니다.

'노루귀'는 땅에서 돋아나는 어린잎이 정말 노루귀를 닮았습니다. 이른 봄에 올라오는 꽃을 감싼 포와, 꽃이 피었다가 지고 또르르 말려서 돋는 잎에도 털이 많습니다. 그 모양과 색깔이 덤불숲에 가만히 숨어 있는 노루의 뒷모습에서 영락없이 귀를 빼닮았습니다.

잎이 날개를 펼친 박쥐를 닮은 '박쥐나물'은 이름처럼 나물로도 먹습니다. '괭이눈' 역시 꽃피었을 때 그 모습이 고양이 눈을 닮았다 해서 이름이 붙여졌습니다. 실제로 꽃이 피어도 활짝 열리지 않고 항아리 형태인 종류는 가느다란 동공을 가진 고양이의 눈을 닮았습니다. '괭이밥'에는 식물체에 소화를 촉진하는 성분이 들어 있는데 고양이가 속이 불편할 때 뜯어먹는 풀이라고 해서 그런 이름이 붙었습니다. 실제로 괭이밥이나 애기괭이밥, 큰괭이밥 모두 잎이나 꽃을 먹을 수 있고 신맛이 납니다. 이 외에도 이름에 동물이 들어간 식물은 무척 많습니다.

까치와 까마귀를 이름으로 가진 식물이 있습니다. 새를 모르는 사람도 이 새들의 이름을 모르지는 않습니다. 식물을 잘 몰라도 진달래와 개나리라는 꽃 이름은 다 아는 것처럼요.

까치는 잘 못 만나는 까치밥나무

까치는 반가운 손님이 올 때 미리 알려주는 동물이라 하여 까지와 관련된 많은 이야기가 전해져 옵니다. 예부터 길조로 여겨졌지요. 농경지가 있는 인가 주변에서 둥지를 짓고 번식하면서 사람과 오래전부터 무척이나 가깝게 지냈습니다. 까치는 아주 높은 곳에 둥지를 짓습니다. 마을 주변 키가 큰 나무에서 흔히 만날 수 있지요. 고속도로를 달리다 보면 참나무류에서 둥글게 지어진 까치집을 만나는 것은 어려운 일이 아닙니다. 종종 사람이 만든 구조물에 둥지를 짓기도 하지요. 전신주는 물론이고 휴대폰 기지국에다 둥지를 짓는 경우도 흔합니다. 까치 둥지로 인해 선로에 이상이 생겨 정전 사고가 일어날 수도 있다고 하고 이 까치집을 없애기 위해 사람들이 애쓰기도 하지요.

　까치는 사람 가까이서 살고 잡식성이라서 아무거나 가리지 않고 잘 먹습니다. 그중에서도 복숭아나 홍시 같은 신선한 열매를 아주 좋아합니다. 까치가 먹이로 한다는 뜻으로 지어진 식물의 이름이 있습니다. 바로 '까치밥나무'입니다. 까치밥나무는 키가 작은 관목으로 가을에 열매가 아주 빨갛게 익습니다. 순수한 빨강에다가 표면에 윤채가 있어 반짝이는데 햇빛을 제대로 받으면 속살이 다 보일 것만 같지요. 포도송이나 오미자 열매처럼 여러 개가 모여 달리는 빨간색 열매는 주로 새들의 먹이가 됩니다. 새들이 영양소가 풍부하고 맛있는 과육은 먹고 씨앗은 배설하게 되지요. 그렇게 새들의 도움을 받아 이동하고 번식합니다.

까치밥나무도 그런 나무 중에 하나입니다. 그런데 이름과 다르게 까치가 과연 까치밥나무를 만날 수 있을까 하는 의문이 듭니다. 까치는 마을 주변에서 주로 살아갑니다. 까치밥나무는 깊은 산속에서 드물게 자랍니다. 쉽게 만날 수 있는 나무가 아니지요. 까치는 까치밥나무를 만날 기회가 별로 없습니다. 그런데 왜 까치밥이라는 이름이 붙었을까요? 아마도 먹을 수 있는 열매여서 그럴 것이라고 추측해 봅니다. 이 열매를 먹을 수 있다는 것은 학명에도 나타납니다. 까치밥나무의 학명은 리베스 만주리쿰*Ribes mandshuricum*입니다. 속명 리베스는 신맛이 난다는 뜻의 아랍어 리바스ribas에서 변한 이름이라고도 하고, 붉은 구즈베리를 일컫는 덴마크어 립스ribs에서 비롯되었다고도 합니다. 속명에서 이미 맛과 먹을 수 있는 열매가 언급된 것으로 보아 식용이 가능한 열매라는 것을 알 수 있습니다. 종소명 만주리쿰은 '만주 지역의'라는 뜻으로 식용과는 아무런 관계가 없습니다.

진한 향기를 자랑하는 까마귀밥나무

같은 방법으로 지어진 이름이 또 있습니다. 바로 '까마귀밥나무'입니다. 이 나무는 한때 '까마귀밥여름나무'라고 불리기도 했는데 여기서 '여름'은 '열매'라는 뜻입니다. 이 이름은 빨간 열매가 크고 예뻐서 까마귀가 좋아할 만한 나무라는 뜻으로 전해집니다. 예쁜 열매를 좋아한다는 까마귀는 까치와 다르게 사람들에게 그다지 환영받지 못했습니다. 삼족오라고 하여 신성시되기도 했으나, 시대를 거듭해 오면서 길하지 못하다고 여겨져 크게 잘못한 것도 없는데 사랑받지 못했지요. '까마귀 노는 곳에 백로야 가지마라'라는 시조 첫 구절을 우리는 잘 알지요. 색이 검다 해서 새하얀 백로더러 어울리지 말라 했습니다. 지조와 절개를 지키라는 당부의 뜻도 담고 있습니다. 억울하게도 까마귀는 그저 색이 검다는 이유로 부정적인 쪽으로 치부되었습니다. 그러나 까마귀는 앵무새와 더불어 조류 중에서 지능이 아주 높은 편에 속합니다.

사실 요즘은 까마귀를 만나기 어렵습니다. 까마귀라고 불리는 새는 몇 종류가 있는데, 인가 주변에서 까치와 더불어 자주 보이는 새는 주로 큰부리까마귀입니다. 농경지가 있는 시골마을에서 쉽게 만나지고 또 높은 산에서도 만나집니다.

한라산 윗세오름에 가면 큰부리까마귀가 많은데, 사람들의 먹을 것을 빼앗아 먹기도 합니다. 잠시 한눈을 팔면 곧바로 김밥 하나를 훔쳐 갑니다. 윗세오름뿐만 아니라 태백산 등 내륙의 산간에서도 큰부리까마귀를 만나는 것은 어렵지 않습니다. 그들은 주로 사람이 휴식하는 곳에 모여듭니다. 이들도 까치처럼 사람을 멀리하진 않지만 둥지는 찾아보기 힘듭니다. 주로 숲속 나무에다 둥지를 짓기 때문에 그렇습니다. 간혹 숲을 벗어난 나무에다 둥지를 짓는 경우도 있지만 흔하지 않습니다. 새끼를 키우는 곳으로 숲속이 더 안전하고 좋다고 생각한 모양입니다. 그래서 까치처럼 전신주의 둥지를 허물어야 하는 수고는 끼치지 않지요. 사람의 입장에서 보면 요즘은 까마귀보다 까치가 더 말썽꾸러기입니다.

이런 까마귀의 이름을 내세운 '까마귀밥나무'는 까마귀 밥이 될 수 있을까요? 까치밥나무보다는 가능성이 높습니다. 까마귀밥나무는 낮은 산지 숲속에 이따금 자랍니다. 숲속에다 둥지를 짓는 까마귀의 눈에 띌 가능성이 없지 않습니다. 까치밥나무와 마찬가지로 키가 작으며 가을에 빨간색 열매가 총총 달립니다. 크기는 까치밥나무보다 조금 작고 표면의 윤채도 까치밥나무보다 덜합니다. 까마귀밥나무도, 까치밥나무도 열매를 사람이 먹을 수 있습니다. 다만 까마귀밥나무 열매는 쓴맛이 납니다. 까치밥나무는 시큼하고요. 둘을 비교하자면 까치밥나무가 더 맛있습니다. 까마귀밥나무 열매는 겨울까지 남아 있기도 합니다. 까마귀밥나무의 학명은 리베스 파스키쿨라툼 차이넨스*Ribes fasciculatum var. chinense*입니다. 속명은 까치밥나무와 같고 종소명 파스키쿨라툼*fasciculatum*는 '속생의'라는 뜻입니다. var.는 변종을 나타내고 차이넨스*chinense*는 변종명으로 '중국의'라는 뜻입니다. 속생은 줄기나 잎이나 어떤 기관들이 한 자리에서 뭉쳐나는 것을 말합니다. 꽃다발을 생각하면 쉽겠네요.

까치밥나무는 꽃줄기에 작은 꽃들이 줄을 지어 달려서 아래로 늘어집니다. 열매 또한 그 모양 그대로 달리지요. 그러나 까마귀밥나무는 잎겨드랑이의 한 지점에서 같은 길이의 꽃이 옹기종기 모여서 나옵니다. 푸른색이 도는 노란색의 꽃들이 향기를 가득 품고 꽃다발을 이루지요. 작은 꽃에서 진한 향기를 느낄 때는 까마귀밥나무라는 이름이 생뚱맞게 느껴집니다. 그 꽃다발이 그대로 빨간 열매 다발이 됩니다. 물론 꽃이 피었다고 다 열매가 되진 못합니다. 열매도 검은 새 까마귀를 떠올리기에는 그다지 어울리지 않습니다. 그러나 새들은 붉은색 열매를 좋아하니 까마귀도 예외는 아닐 것입니다.

식물 이름에는 새 중에서도 까치나 까마귀가 특히 많이 등장합니다. 까치밥나무 외에도 꽃차례 모양이 까치 수염 같다는 까치수염이 있고, 까치가 사는 단단한 나무라는 뜻으로 알려지기도 한 까치박달이 있습니다. 그러나 까치박달과 까치는 좋아하는 환경이 서로 다릅니다. 까치박달이 잘 자라는 곳에 까치는 없고, 까치가 노니는 곳에 까치박달은 없습니다. 열매가 까마귀처럼 까만 까마귀머루가 있고, 역시 다 익은 열매가 까만색이면서 그 모양이 베개를 닮은 까마귀베개라는 이름을 가진 나무도 있습니다. 실제로 까마귀베개의 열매는 옛날 베개 모양과 흡사합니다. 열매가 익어가는 계절에는 노란 열매와 붉은 열매, 다 익은 까만색의 열매를 함께 볼 수 있습니다. 원앙금침에 놓인 베개처럼 아주 화려한데 제주도 숲에 색색 가지 베개들이 나무에 잔뜩 매달리지요.

　까치밥나무와 까마귀밥나무의 이름을 저는 이렇게 생각해 봅니다. 먹을 수 있는 맛있는 열매를 가진 까치밥나무에 사람들이 좋아하는 새의 이름을 붙인 건 아닐까 하고요. 더불어 까마귀밥나무 열매는 맛이 없으니 사람에게 그다지 사랑받지 못한 까마귀 이름을 붙인 건 아닐까요? 두 나무 모두 키 작은 나무에 빨간 열매가 달리는 것은 비슷하지만 맛있는 열매와 맛없는 열매를 우리 정서에 맞게 은유한 이름이라고 해도 틀리지 않을 것입니다.

전신주에다 집을 짓고, 가끔은 사람의 생활에 지장을 주기도 하고, 높은 산까지 애써서 지고 올라간 음식을 뺏어 먹을지언정, 사람 사는 곳에는 항상 그들이 함께 있습니다. 까치나 까마귀가 식물 이름에 자주 등장하는 이유는 사람과 가깝게 사는 새이기 때문입니다. 어제와 마찬가지로 오늘도 까치 소리와 큰부리까마귀 소리가 멀지 않은 곳에서 들립니다.

2부

이름을 지어주는 마음

쇠뿔현호색

혼자만의 꽃에게
이름을 지어줄 때

이름 ● 쇠뿔현호색
뜻 ● 앞쪽 꽃잎의 모양이 소의 뿔처럼 생겼다는 뜻입니다.
주서식 지역 ● 경북 경산입니다.
꽃 피는 시기 ● 봄(3~4월)

'쇠뿔현호색'이라는 이름을 가진 식물이 있습니다. 그 식물이 이 이름으로 불리게 된 것은 2007년 가을부터입니다. 저에게 아주 특별한 의미가 있는 식물이며, 오랫동안 혼자만의 꽃이었지요. 제가 이 식물의 존재를 안 지는 아주 오래되었습니다.

저는 '쇠뿔현호색'의 최초 발견자이자 이름을 지어준 명명자입니다.

저는 어릴 적부터 동네 산과 골짜기, 풀밭들을 혼자 휘적거리고 다니는 것을 좋아했어요. 딱히 어디랄 것도 없이 저만의 탐사를 즐겼지요. 소녀 시절 어느 이른 봄날, 앞산 자락에서 이식물을 발견하게 되었습니다. 깽깽이풀을 보러 가는 길목이었습니다. 처음 가는 길도 아닌데 그동안 왜 못 보았을까요? 아마도 눈에 띄지 않는 형태와 색깔 때문이었을 겁니다. 낙엽들 사이에서 핀 꽃은 교묘하게 주변 색깔과 비슷해서 처음 보고는 헛것을 보았나 싶을 정도였지요. 하지만 눈을 깜빡거리고 다시 봐도 꽃이었습니다.

저는 처음 꽃을 발견하면 그 자리에 발을 딱 붙여 멈춥니다. 혹시 발에 밟힐 만큼 가까이 또 있을지도 모르기 때문에 일단 주변을 충분히 살핀 다음에 발을 옮겨 놓지요. 주변을 살폈는데 띄엄띄엄 꽃이 숨어 있었습니다. 신기했어요. 서넛이 보이더니 여럿이 보이기 시작했고 꽤 넓게 분포되어 군집을 이루고 있었습니다. 쿵쾅거리는 심장에 발맞춰 그 숲을 방문하는 것을 봄마다 반복했습니다. 그렇게 그 꽃이 피기를 기다리고 지켜보며 어린 시절을 보냈지요. 그리고 '현호색'이라는 이름을 가진 식물들을 알게 되었고 그들과 닮았다는 이유로, 또 꽃 피는 시절의 잎이 솔잎처럼 가늘다는 특징을 살려 '솔잎현호색'이라고 부르게 되었습니다. 아무도 그렇게 부르라고 하지 않았지만 저 나름대로 작명을 한 것이죠.

세월이 점점 흐르면서도 해마다 솔잎현호색과의 만남을 빠트리지 않았습니다. 커서는 가까운 서점에 있는 식물도감을 한 장씩 넘겨가며 뒤졌지만 솔잎현호색은 없었습니다. 또 우리 동네 바깥에서는 단 한 번도 솔잎현호색을 만나지 못했습니다.

그래서 이런 생각을 하게 되었지요.

'어쩌면 이 식물은 신종(세계적으로 학계에 보고된 적이 없는 새로운 종)일 수도 있겠구나. 그게 아니라면 최소한 미기록종(이미 학계에 보고되어 학명은 얻었으나 우리나라에서 발견된 적은 없는 종)일 수도 있겠구나.'

저는 누구보다도 쇠뿔현호색을 많이 만나왔습니다. 그렇다보니 이들의 살아가는 모습을 다른 사람들보다 많이 아는 것이 사실이긴 합니다. 그러나 그 생태를 완벽하게 이해한다고 말할 자신은 없습니다. 저도 사람인지라 사람의 입장에서 이해하려고 했기 때문입니다. 그럼에도 신종 발표 논문을 준비하기 전까지 쇠뿔현호색을 바라보는 저의 시각은 아주 자유로웠습니다. 논문을 준비하면서부터는 다른 사람들을 이해시키기 위해, 식물을 전공한 사람들의 상식으로 쇠뿔현호색의 형태나 생태를 설명해야만 했기 때문에 여간 고역이 아니었습니다. 결국 하고 싶은 이야기를 다 못했습니다. 그래서 여기에다 풀어놓고자 합니다.

처음 씨앗에서 발아한 1년생 쇠뿔현호색은 잎이 하나입니다. 아직 꽃을 피우지 못하는 어린 식물의 경우, 잎은 끝이 뾰족한 타원형의 모양을 가집니다. 꽤 동글동글하다는 이야기지요. 하나이던 동그란 잎은 해를 거듭하면서 셋이 되고 나중에는 원줄기에서 다시 셋으로 깊게 갈라진 솔잎처럼 가늘고 긴 잎들이 달리게 됩니다. 꽃을 피울 만큼 나이를 먹어야만 잎의 형태가 더욱 길고 가늘게 되는 것이지요. 그러나 그 잎도 꽃이 지고 열매를 맺어가면서 약간 넓어지는 특징을 가지고 있습니다. 결국 어린 식물과 성숙한 식물의 잎 형태가 많이 다르고, 꽃 필 때와 열매가 익을 때 잎의 폭도 차이가 있습니다. 그래서 저는 성숙한 꽃과 열매들은 피해 걸었지만 논문을 준비하던 와중에도 어린 그들을 저도 모르게 많이 밟았을 것입니다.

식물에게 이름을 지어줄 때는 내 마음대로 짓는 것이 아니라, 이 식물의 속명(소속)을 찾아 붙여 주어야 합니다. 사람으로 치자면 '성씨'라고 할까요? 이 식물의 소속은 '현호색'입니다. 그렇다면 이 '현호색'은 무슨 뜻일까요? 현호색 속명 해석에는 다양한 의견이 있습니다. 중국식 표기인 '현호색[색깔이 오묘해 '현玄', 흉노와 거란 등 지역에서 유래해 '호胡' 그리고 더듬어 찾는다는 뜻의 '색索'] 을 그대로 받아들였다는 의견과 당시 조선에서 부르던 향명이라는 기록도 있다고 하지요. 그러나 저는 저 나름대로의 해석을 덧붙이고 싶습니다.

'현玄'자는 오묘하다는 뜻과 검다는 뜻도 있지만 '하늘빛'이라는 뜻도 있습니다. 현호색류는 하늘색을 띤 종류가 많습니다. 현호색도 각시현호색도 점현호색도 맑은 하늘색이지요. 저도 현호색을 말할 때 그 색을 두고 '날씨 좋은 봄 하늘색'이라고 종종 합니다. '호胡'는 보통 중국 북방지역의 민족을 일컬을 때 쓰는 한자입니다. 그런데 우연일까요? 현호색속 식물들의 상당수가 우리나라를 포함하는 동북아시아에 자란다는 것을 논문을 준비하면서 알게 되었습니다. '색索'은 새싹이 서로 한데 뭉쳐 꼬였다는 뜻으로 해석되기도 합니다. 현호색은 하나의 열매에서 씨앗이 그대로 땅에 모여 떨어지고 이동하지 못하면 한 자리에서 여러 개의 싹이 한데 뭉쳐 돋아납니다. 결국 자기들끼리 얼기설기 꼬이고 근본인 각각의 뿌리를 찾으려면 차근차근 더듬지 않을 수 없지요. 저 나름대로의 해석을 덧붙이다 보니 쇠뿔현호색 신종 발표 논문을 우리가 준비해보자고 제안하고 지도하셨던 교수님이 생각납니다. 걸핏하면 식물에 대해서 엉뚱한 소리를 하던 저에게 "가설을 쓰랬더니 맨날 소설을 쓰고 있냐" 하며 웃으셨지요.

현호색과 중에서 접두어가 무엇이든 "현호색"이라는 이름이 붙은 자생식물은 우리나라에 20종이 넘습니다. 여러해살이 풀이며 대체로 약간 습기가 있는 곳에서 자랍니다. 꽃의 형태는 모두 통꽃이며 거距(꽃뿔, 꿀주머니)를 가지고 있습니다. 꽃 색은 보통 하늘색 계열이 많고 자주색 계열도 몇 종 있습니다. 종에 따라 약간의 차이는 있지만 주로 3월과 4월에 핍니다. 열매는 삭과蒴果(익으면 열매 껍질이 벌어지면서 씨앗이 노출되는)이며 엘라이오좀elaiosome(씨앗에 붙어 있는 지방체)이 달린 여러 개의 검정색 씨앗이 들어 있습니다.

　숲 바닥에 지난해 낙엽만 수북할 때 쇠뿔현호색은 그 낙엽들 사이를 비집고 올라옵니다. 다른 현호색류에 비하면 비교적 평지에 가까운 곳, 햇볕이 많이 드는 곳을 좋아합니다. 그리고 습도도 비교적 높지 않는 곳에서 큰 군락을 이루어 살아가지요. 그 어떤 현호색류도 가까이 두지 않고 오로지 자기네들끼리만 모여 사는 특징이 있습니다. 이는 선호하는 환경이 다른 현호색들과는 좀 다르다는 증거입니다.

　이른 봄, 보통 3월에서 4월에 걸쳐 꽃이 피는데 4월 상순이 지나면 꽃이 시들어가고 이후 빠른 속도로 열매가 익고 봄이 다 가기 전에 지표면 윗부분이 사라지는 전형적인 춘계단명식물입니다. 5월이 되면 식물체가 지상에서 사라져 버립니다. 이들의 생은 1년 중에 단 두 달도 채 되지 않습니다.

　쇠뿔현호색은 충매화로 주로 꿀벌들에 의해 꽃가루받이가

이루어집니다. 꿀벌은 꽃의 앞부분에서 꽃 안쪽으로 머리와 몸통을 들이밀면서 원하는 것을 취합니다. 이미 다른 꽃에서 묻혀온 꽃가루를 암술머리에 남기고, 또 꽃가루를 묻혀 다른 꽃으로 가게 됩니다.

4월 초순부터 중순으로 넘어가는 시기에 꽃이 지고 열매가 영글면서 무게 때문에 줄기는 거의 땅에 닿게 됩니다. 쇠뿔현호색은 이때쯤이면 열매 중앙에 약간 갈색을 띠는 가는 줄무늬가 보입니다. 까만 씨앗에는 투명하고 하얀 엘라이오좀이 통통하고 길게 달려 있습니다. 곧 열매가 봉선(봉합선)을 따라 갈라지고 씨앗은 엘라이오좀을 매단 채 그대로 모두 한자리에 떨어집니다. 이후 개미들이 와서 씨앗을 물고 가고 필요한 엘라이오좀만 취하고 씨앗은 버립니다. 엘라이오좀은 지질 성분이 풍부한 덩어리로 씨앗을 널리 퍼뜨리는 역할을 합니다. 개미가 먹이로 좋아하지요. 이로써 씨앗은 이동에 성공합니다. 이동 수단으로 개미를 이용하기 위해 엘라이오좀에 기꺼이 에너지를 투자한 것이지요. 엄마와 형제에게서 멀어져야만 경쟁자를 줄일 수 있다는 희망을 걸고 생식에 직접적인 관계가 없는 엘라이오좀을 만들어 내는 것입니다.

쇠뿔현호색은 하나의 개체가 독립적으로 자라기도 하지만

여러 개체가 모여 있는 경우도 있습니다. 이는 한꺼번에 떨어진 씨앗이 이동하지 못하고 그대로 발아된 경우와, 종자번식과 함께 영양번식(식물의 영양기관이 일부 분리되어 새로운 개체가 되는 번식 방법)도 하기 때문입니다. 쇠뿔현호색은 땅속 덩이줄기가 분리되어 개체를 늘리기도 합니다. 식물 입장에서는 유전자가 동일한 영양번식보다는 꽃을 피워서 만들어낸 종자번식이 좋습니다. 그래야만 꽃가루받이를 통해서 불리한 환경과 위험을 극복할 수 있는 다양한 유전자를 가질 확률이 높을 테니까요.

그동안의 관찰에 의하면 쇠뿔현호색은 영양번식보다는 종자번식이 더욱 활발하게 일어나는 것으로 보이며 이는 다행스러운 일입니다. 그러나 종자로 번식한 개체들은 꽃을 피울 수 있을 때까지 성숙하는 데 3년 이상 걸립니다. 그동안 환경의 불리한 조건을 이기지 못하는 경우들도 숱하게 많을 것입니다. 그래서 쇠뿔현호색은 시간이 좀 걸리더라도 다양한 유전자를 가지는 종자번식, 빠른 시간 내에 씨앗을 만들 수 있는 영양번식, 이 두 가지 방법으로 분산투자를 하는 것입니다. 식물 입장에서 생각하면 둘 중 어떤 것이 더 좋다고 할 수 없을 것입니다. 두 경우 모두 장단점을 가지고 있기 때문입니다. 그래서 영양번식에 지나치게 의존하지는 않지만 두 가지 방법을 모두 수용한 것입니다.

얼마나 긴 세월 동안의 경험과 시행착오로 이런 전략을 갖게 되었을까요? 쇠뿔현호색이 언제부터 숲에 존재했었는지 아는 사람은 아무도 없습니다. 단지 발견된 시점만 알고 있을 뿐입니다. 그러니 그들에 대해 다 아는 존재는 최초 발견자인 저를 비롯해 아무도 없습니다. 다 알지 못하면서 그저 다른 사람들보다는 조금 더 이들을 안다는 이유로 신종 발표를 준비하게 되었습니다.

저에 의해 솔잎현호색으로 불려왔지만, 현호색류는 잎의 변이가 심한 종이 있고 식물은 생식기관인 꽃이 중요하니, 잎 대신 꽃에 대한 특징으로 이름을 정해보자고 지도교수님께서 제안하셨습니다. 그래서 꽃에 중점을 둘 이름을 짓기로 했습니다. 쇠뿔현호색은 위아래의 외화판(바깥쪽 꽃잎) 끝부분 모양이 쇠뿔 모양입니다. 특히 아래쪽 외화판의 모양이 더욱 선명한 쇠뿔 형태입니다. 다른 현호색류들은 그 모양이 부드러운데 비해 확연히 다르다는 것에 착안했습니다. 그래서 '쇠뿔현호색'이라는 이름으로 확정되었습니다.

그렇다면 학명도 연관성이 있어야겠지요. 제1저자인 저를 포함해서 신종 발표에 참가한 모든 저자들은 식물분류학을 전공하지 않았습니다. 모두 유전학을 전공한 저자들로 당시 저도 유전학을 공부하던 중이었습니다. 그동안 식물 연구를 하면서 국명과 학명이 일맥상통하지 않는 부분이 많은 것을 잘 알고 있었습니다. 우리는 그런 점을 보완해 보자는 의지를 가지고 국명과 더불어 학명도 심혈을 기울였습니다.

식물의 학명은 국명과 달리 세계적으로 통일되어 사용되기 때문에 더 많은 고민을 거듭했습니다. 학명은 속명 + 종소명 + 명명자를 기본으로 합니다. 이는 이명법으로 칼 폰 린네가 고안한 명명법이며 현재까지 사용되고 있습니다. 이후 새로운 변종이 발견되어 명명하거나 하면 뒤쪽으로 더 길어질 수 있습니다. 현호색속은 이미 코리달리스*Corydalis*로 속명이 정해진 상태였고, 쇠뿔현호색 역시 속명은 코리달리스를 그대로 사용하고 종소명만 명명할 수 있는 것입니다.

쇠뿔현호색의 학명은 코리달리스 코르누페탈라*Corydalis cornupetala* Y.H.Kim & J.H.Jeong입니다. 코리달리스는 종달새라는 그리스어 코리달리스*korydallis*에서 기원되었습니다. 활짝 핀 꽃을 보면, 긴 거(꽃뿔)가 달린 꽃의 옆모습이 나뭇가지에 새가 앉아서 노래하는 것처럼 보입니다. 현호색류는 다 같은 형태적 특징을 가지고 있지만 쇠뿔현호색은 거가 유독 길어서 훨씬 날렵하고 꼬리가 긴 더욱 아름다운 새 모양을 하고 있습니다. 코르누페탈라*cornupetala*는 뿔이라는 뜻의 라틴어 코르누*cornu*와 꽃잎 페탈라petala의 합성어로 '꽃잎이 뿔 모양'이라는 뜻입니다. Y.H.Kim은 명명자인 저, 김영희를 가리키고요.

쇠뿔현호색을 신종으로 발표하는 동안 아주 다양한 일들이 있었습니다. 투고 후 몇 번에 걸쳐 심사위원들로부터 보충과 수정을 요구받았고 그때마다 다시 수정을 거듭해야 했습니다. 표지 포함해서 10쪽도 채 되지 않는 신종 발표 논문에 모든 저자가 많은 시간과 열정을 투자했습니다. 그 결과로 얻어진 쇠뿔현호색이라는 이름의 식물은 한국특산식물입니다. 지구상에서 우리나라에만 살고 있는 식물이지요. 더군다나 자생지가 극히 제한적입니다.

신종 발표 당시에 밝혀진 쇠뿔현호색 자생지는 경북 경산의 단 두 곳뿐이었습니다. 그중 한 곳은 비교적 세력이 약하고 환경에 많은 영향을 받는 탓인지 해마다 개체수의 차이가 컸습니다. 그래서 논문 저자들이 합의하여 그 장소는 비밀에 부쳤습니다. 개체수가 많고 자생지 면적도 넓고 비교적 안정적으로 자라는 한 곳만 논문에 언급하였습니다. 해마다 쇠뿔현호색이 꽃을 피우면 그곳을 찾습니다. 공개된 장소와 비밀의 장소 둘 다 말이지요.

신종으로 발표한 논문이 가을에 학회지에 실리고서 이듬해 봄에도 어김없이 숲을 방문했습니다. 이름을 지어주고 나서 처음 만나는 거였지요.

숲으로 향하는 발걸음이 경쾌하고 설레며 서두르는 느낌은 예전과 별반 달라지지 않았습니다. 걸음보다 바쁜 마음에 발목을 삐끗하는 일도 역시 달라진 게 없었습니다. 뽀얗고 자잘한 꽃들이 달린 꽃줄기가 마른 낙엽색으로 위장하여 숨은 것도 역시 달라진 게 없었습니다. 아무것도 달라진 건 없었습니다. 연인 대하듯 하던 꽃을 자식 바라보듯 하는 저의 애틋한 마음만 추가되었달까요. 저보다 더 오래 살아온 그 작은 꽃들을 세상 사람들에게 선 보이고 이름을 붙였다는 이유로, 마치 그들의 보호자가 된 기분이었습니다. 그들은 청한 적이 없는데도 말이지요.

해마다 찾는 공개된 쇠뿔현호색 자생지에서 가슴 아픈 장면을 보기도 합니다. 사람들이 특별히 사진을 잘 받는 예쁜 꽃한 송이를 위해 다른 꽃들을 마구 다치게 하는 모습이지요. 저부터도 숲에 들어가면 식물에게 전혀 피해를 주지 않을 수는 없습니다. 그러나 조금이라도 조심한다면 그들이 덜 다칠 수 있을 것입니다. 가끔은 그런 조금의 배려조차 잊은 사람들을 볼 때가 있습니다. 그럴 때마다 짠한 마음이 들고 후회스러운 마음이 생기기도 합니다. '그냥 그대로 내버려둘 걸. 나 혼자 솔잎현호색이라고 부르면서……'라는 생각도 들고요. 저한테는 이름이 있건 없건 그 식물이 거기에 존재한다는 사실이 더 소중했으니까요.

논문 발표 후 저는 몇 차례 연락을 받았습니다. 비밀에 부쳐진 자생지를 알려줄 수 없겠냐는 내용이었지요. 그러나 저는 누구에게도 그 자생지는 발설하지 않았습니다. 아무리 가까운 사람이 물어도 말해주지 않았습니다. 그 숲에는 늘 비밀리에 혼자서만 방문합니다. 아니, 어릴 때와 마찬가지로 놀러 갑니다. 산에서 불어 내려오는 바람이 까탈을 부려서 볼이 차갑고 손끝마저 시린 이른 봄날 아침에 놀러 갑니다. '친구야, 노올자!'를 마음으로 외치면서요.

쇠뿔현호색은 나의 오랜 친구이자 연인이며, 그가 살고 있는 숲은 나의 친구네 집입니다. 그들이 살고 있는 산은 친구네 마을이고요. 앞으로도 그럴 것입니다. 친구네 집에 아무도 동행하지 않고 혼자 비밀리에 갈 겁니다. 은밀하게 단둘이서 밀회를 즐길 겁니다. 쇠뿔현호색의 최초 발견자이자(어디까지나 사람의 입장에서) 명명자로서, 세상에 드러낸 장본인으로서, 그들의 존재를 지키는 방법 중 하나라는 것을 이해하시리라 생각합니다. 쇠뿔현호색, 그 이름을 가진 식물을 지켜야 할 책임과 의무가 저에게 있을 따름입니다.

남바람꽃

선착순으로 운명이
결정되는 식물의 이름

이름 ▪ 남바람꽃(국가표준식물목록 기준)
뜻 ▪ 남쪽에 피는 바람꽃이라는 뜻입니다.
주 서식 지역 ▪ 제주도 및 남부지방에서 자랍니다.
꽃 피는 시기 ▪ 봄(4월)

2006년 4월 15일 토요일. 이날이 잊히지 않습니다. 어떤 식물을 처음 본 날이기 때문입니다. 단순히 식물 한 종을 처음 본 날이라면 특별하지 않았을 것입니다. 그런 날은 저에게 아주 많았으니까요. 그러나 이날 본 식물은 좀 달랐습니다. 잊지 못할 스토리를 탄생시켰기 때문입니다. 회문산에 자생하는 식물을 조사하기 위해 전라북도 정읍에 갔을 때의 일입니다.

숲의 생기가 절정으로 치닫고 있던 어느 봄날, 정읍 읍내 하천가의 벚나무에 흐드러지게 흰 꽃이 만발했었습니다. 세상이 다 화사한 계절이었어요. 볕이 따스해지는 아침은 그냥 흘려보내기 참 아까운 시간이었습니다. 동행한 이와 함께 목적한 골짜기 초입으로 이동하고서 회문산을 이어진 길을 걸었습니다.

농로를 따라 숲으로 들어가던 중이었어요. 농로 오른쪽으로 비스듬한 경사지가 있고 한참 아래쪽에 개울이 흐르고 있었습니다. 개울 주변에는 종류에 따라서 키와 색이 좀 다르긴 하지만 푸르른 풀들이 무릎 높이까지 자라있기도 했습니다. 그중에는 꽃이 핀 듯 아닌 듯 보이는 식물도 있었지요. 그러다가 먼빛으로 어떤 식물의 작지만 빽빽한 군집에 시선이 고정되었습니다.

정확한 형태를 알아보긴 어려웠지만, 그들 군집의 모양새나 실루엣만으로도 생소한 식물이란 걸 단번에 알아볼 수 있었지요. 길을 벗어나 개울로 내려갔습니다. 가는 동안 꽃이 피었다는 것도 알게 되었습니다. 멀리서 볼 때는 찬란하게 푸르고 풍성한 잎사귀들만 보였는데 거리가 가까워질수록 잎들보다 손가락 하나 크기 정도로 키가 솟은 자그마한 흰 꽃이 눈에 들어왔습니다. 아네모네였습니다. 의심할 여지가 없었지요. 잎도 설악산 능선에 자라는 바람꽃(아네모네 크리니타 *Anemone crinita*)과 가장 닮아 있었습니다. 그러나 훨씬 여리고 가냘픈 느낌이어서 같은 종은 아니라는 것을 알았습니다. 바람꽃과 마찬가지로 꽃잎은 없고 꽃받침조각이 꽃잎의 역할을 대신하고 있었습니다. 그 새하얀 꽃받침의 뒷면은 바람꽃과는 다르게 화사한 분홍색이 적당히 섞여 오히려 뒷모습이 더 예뻤지요.

위에서 보고 아래에서 보고 요리조리 살펴보아도 부정할

수 없이 아네모네라는 것을 알 수 있었습니다. 그런데 지금까지 한 번도 본 적 없는 식물이라는 것이 문제였습니다. '미나리아재비과 바람꽃속이구나'라는 정도로는 성에 차지 않았지요. 그래서 표본을 채집했습니다. 누구에게든 물어봐야 했거든요. 꽃과 잎이 다치지 않게 뿌리 일부까지 잘 채집하여 망가지지 않도록 조심해 챙겼습니다. 더 깊은 숲으로 들어가서 조사를 마친 후 무사히 그 꽃을 데리고 집으로 왔습니다.

당시 저는 국립수목원에 계약직으로 근무하고 있었습니다. 식물에 대한 내용이야 물어볼 만한 분들이 아주 많은 곳이었지요. 월요일 아침, 데려온 식물을 살아 있는 채로 화분에다 심었습니다. 그러고는 전문가에게 보여주고 이름이 무엇인지 물었지요. 그런데 아는 사람이 없었습니다. 저처럼 '미나리아재비과 바람꽃속'이라는 것 말고 더 이상은 잘 모르겠다고 할 뿐이었습니다. 좀 더 자세히 알아보고 싶다는 식물학자가 있었습니다. 화분을 잠시 맡아서 살펴봐도 되겠느냐고 물었고 저는 흔쾌히 그렇게 하라고 했습니다. 그렇게 그 식물을 보내놓고도 내내 궁금증이 사라지지 않았습니다.

신종일까? 아니면 미기록종일까? 이름은 있으나 너무 드물게 자라는 녀석이라 다들 본 적이 없어서 아무도 모르는 것일까? 셋 중 어디에 속하더라도 흥미로운 일일 수밖에 없었습니다. 만약 신종이라면, 지구상에서 처음 발견된 식물이니 크게 의미 있는 일이겠지요. 미기록종이라면, 다른 나라에서 이미 발견되어 학명은 부여되었으나 우리나라에서는 처음 발견된 것이니 국명이 새로 부여될 수 있겠지요. 마지막으로 이미 학명도 국명도 명명되었지만 우리가 모르고 살았던 식물이라면 새로운 자생지가 발견된 일이니 그 또한 역시 재미있는 일일 수밖에요. 그날 하루를 설레는 마음으로 보냈습니다.

다음 날 그 식물에 대한 소식을 접했습니다. 유사한 식물에 대한 정보를 검색하다가 우연히 인터넷 기사 하나를 보게 되었지요. 2006년 4월 18일 화요일, 바로 당일 기사였습니다. 기사의 제목은 "국내 미기록종 '바람꽃' 한라산 자생지 발견"이었습니다. 기사 내용을 요약하면 이러했습니다. 제주도 한라산국립공원관리사무소 산하 연구소에서 며칠 전에 한라산 북사면 해발 약 500미터 지점에서 국내 미기록종 '아네모네 플라시다 *Anemone flaccida*' 자생지를 발견했고, 한라바람꽃으로 명명했다는 내용의 단 다섯 줄의 기사였습니다. 그날 저녁에 수정된 좀 더 자세한 내용의 기사가 올라왔습니다. 그 기사에서 실은 사진은 제가 본 식물과 동일했지요.

이 식물은 이미 1868년에 아네모네 플라시다*Anemone flaccida*라는 학명으로 명명이 되었으나, 우리나라에서 처음 발견되어 한라바람꽃이라는 이름을 얻게 된 것입니다. 그러나 이때만 해도 정식으로 유효출판이 되지 않은 상태로 인터넷 기사만 떴기 때문에 한라바람꽃은 가칭일 뿐이었습니다. 유효출판이란, 새로운 분류군이 발견되어 학명을 명명할 때, 국제명명규약에 따라 유효한 인쇄물에 그 내용을 게재하는 것을 말합니다. 반드시 인쇄된 형태로 출판되어야 하며 공공시설이나 식물 관련 기관에서 이용할 수 있어야 합니다. 쉽게 말하면 공신력 있는 학회지나 과학 잡지 등에 논문으로 게재되어야 한다는 뜻이지요. 그렇다고 아무 논문이나 다 실어주지는 않습니다. 까다로운 검증과 엄격한 심의과정을 통과해야만 하지요. 가장 오래된 세계적인 과학 잡지 영국의 〈네이처*Nature*〉가 그 대표적인 예라 할 수 있습니다. 네이처에 논문이 실리는 것을 과학자들은 아주 영예로운 일로 생각하지요. 그만큼 어려운 일이란 뜻입니다.

아직 유효출판이 되지 못했던 가칭 한라바람꽃은 다음해인 2007년에 '남방바람꽃'이라는 명칭으로 모 과학연구지에 논문이 실리게 됩니다. 그때부터 '남쪽 지방에 자라는 바람꽃'이라는 뜻의 '남방바람꽃'이란 이름이 자주 등장했습니다. 한라산과 제가 만났던 회문산을 비롯해서 육지에서도 남부지방을 중심으로 자생지가 더러 발견되었습니다. 많은 사람이 사진으로 자주 접할 수 있게 되었지요. 꽃이 한창 피어나는 4월이 되면 식물동호회나 사진동호회에서 예쁜 꽃 사진들이 더러 올라왔습니다. 그러던 와중에 '남바람꽃'이라는 이름이 또 등장하기 시작했습니다. 남바람꽃이라는 이름은 1942년 식물학자 박만규 선생께서 붙인 이름으로 알려져 있습니다. 그 후 이 식물의 실체가 지속적으로 알려지지 않아 잊힌 것 같았습니다. 그러다가 가칭 한라바람꽃이었던 식물이 남방바람꽃이라고 알려지게 되었고, 결국 남바람꽃과 같은 식물이라는 견해가 등장한 것입니다.

가칭은 정명이 정해지면 어차피 이명으로 남게 됩니다. 신종 발표 논문이 정식으로 게재될 때 가칭이 정명으로 그대로 실릴 수도 있고 바뀔 수도 있습니다. 가칭 한라바람꽃의 정명으로 인정되어 오던 남방바람꽃이 남바람꽃이라는 이름과 서로 상충하게 된 것입니다. 국가표준식물목록과 국가생물종지식정보시스템에는 박만규 선생께서 사용한 이름인 남바람꽃을 추천국명으로 기록하고 있습니다. 그러나 "국명은 반드시 선취권에 의거하지 않으며, 보편적으로 가장 많이 사용되는 국명을 우선적으로 추천한다" 라는 문장이 이전의 국가표준식물목록 작성기준에 명시되어 있었습니다. 지금은 "국명은 기존에 발표된 도감이나 기타 문헌의 출처를 밝히고 이 중 권장되어 사용되는 이름을 추천한다"라고 명시되어 있습니다. 그래서 선취권(최초로 부여된 이름이 계속 유지되는 것)을 인정한 것인지 아니면 보편적으로 권장 사용되는 국명인지 정확히 알 수 없습니다. 이와 다르게 국립생물자원관의 국가생물종목록에는 남방바람꽃이 국명으로 되어 있습니다(2024년 8월 31일 기준). 둘다 국가기관인데도 서로 다른 이름을 국명으로 사용하고 있는 것이지요. 이럴 때 참 곤란합니다. 이름이 통일되어 있다면 그 이름만 쓰면 되지만, 이런 경우에는 남바람꽃으로 표기한다면 국가표준식물목록을 기준으로 했다고 명시해야 합니다. 만약 남방바람꽃으로 표기한다면 국가생물종목록을 기준으로 한다고 표시해야겠지요.

어떤 식물에 대해 알고 싶을 때 흔히 인터넷 검색을 많이 사용합니다. 상당한 정보가 그 안에 있지요. 남바람꽃과 남방바람꽃이라는 이름은 함께 통용되어 현재까지도 인터넷 상에서 흔하게 사용되고 있습니다. 다른 이름으로 같은 식물이 검색되고 있는 상태입니다. 국명은 이러하지만 학명은 아네모네 플라시다*Anemone flaccida*로 동일하게 씁니다.

아네모네는 많은 사람이 익히 알고 있는 바람꽃을 이르는 말이고, 바람의 딸이라는 뜻을 품고 있습니다. 플라시다는 '유연한' 또는 '연약한'이라는 뜻으로, 아마도 바람꽃보다 남바람꽃(남방바람꽃) 더 연약하고 유연한 데서 이런 이름이 붙여지지 않았을까 살며시 추측해 봅니다. 바람꽃은 애초에 1753년에 린네에 의해 아네모네 나르시씨플로라*Anemone narcissiflora*로 명명되었습니다. 현재는 국가생물종목록에는 이 학명을 정명으로 쓰고 국가표준식물목록에서는 1937년의 학명 아네모네 크리니타*Anemone crinita*를 정명으로 쓰고 있습니다.

두 식물의 자생지 환경을 보면 바람꽃이 남바람꽃(남방바람꽃)보다 억셀 수밖에 없습니다. 높은 산 능선에서 비바람과 일교차 등 다양한 기후변화를 견뎌야만 하니까요. 그에 비해 남바람꽃(남방바람꽃)은 남쪽 지방의 비교적 온화한 지역에서 자랍니다. 그러니 더 연약하더라도 살아남기 수월할 테지요.

남바람꽃이든 남방바람꽃이든 어차피 같은 뜻의 이름입니다. 같은 식물을 일컫는 비슷하지만 다른 이름이지요. 하지만 이들을 이야기할 때 어떤 이름을 써야할지 한 번 더 생각하지 않을 수 없습니다. 또 바람꽃처럼 학명이 기관에 따라 서로 다른 경우가 더러 있습니다. 역시 쓸 때마다 고민해야 하지요.

선취권에 의해서 그동안 알고 있던 식물의 학명이 바뀌는 일도 가끔 있습니다.

예를 들어 보겠습니다. 우리나라에서 처음 발견되어 신종으로 학명이 명명된 식물이 있다고 가정해 볼까요? 신종 발표된 식물은 우리나라 특산식물로 인정받습니다. 그 후 그 학명이 다방면으로 사용되지요. 그러다가 수년 후 이미 오래전에 다른 나라에서 명명한 어떤 식물과 같은 종이라는 것이 밝혀집니다. 그러면 선취권에 의해 먼저 명명한 학명이 유효 학명으로 인정받게 되고 나중에 명명된 학명은 무효가 됩니다. 우리나라에서 명명된 학명은 국제적으로 인정받지 못하는 거지요. 그로 인해 특산식물이 한 종 줄어들게 됩니다. 그래서 어느날, 어느 순간, 어떤 식물의 학명이 바뀐 것을 발견하게 될 수도 있습니다. 또 후학들의 지속적인 연구와 조사로 종이 합쳐지기도 하고 같은 종이었던 식물이 분리되기도 하는 경우가 드물게 있습니다. 그럴 때 학명 또한 달라지게 됩니다. 관계자가 아니면 그간의 자초지종을 알기가 쉽지 않기 때문에 국가기관에서 바뀐 학명을 공식화한 후에나 알 수 있게 되는 거지요.

그해 그 봄날에 회문산 초입 개울가에서 흰 꽃을 만나고서 지금까지도 고민하고 있습니다. 아직도 어떤 이름으로 불러야 하나 마음의 결정을 내리지 못했거든요. 어떤 이름이 좋을까요? 남바람꽃이 좋을까요? 남방바람꽃이 좋을까요? 어느 하나로 이름이 통일될 때까지 린네가 이명법을 고안하기 이전으로 돌아가서 '남부지방에 자라는 줄기가 연약하고 뒤통수가 분홍색인 바람꽃'으로 부르는 건 어떨까요?

민들레

실종되었던 우리
민들레가 돌아온 날

이름 ▪ 민들레
뜻 ▪ '흔들리는 들꽃'이라는 옛말에서 유래되었다고 추정됩
니다.
주서식 지역 ▪ 양지바르고 볕이 잘 드는 곳에 자랍니다.
꽃 피는 시기 ▪ 봄(2~5월)

실종되었던 민들레가 돌아왔습니다. 정확하게 말하면 민들레라는 이름이 돌아왔다는 것이 맞겠군요. 노란 봄의 전령사, 그 꽃은 변함없이 그 자리에 존재하고 있었으니까요.

국가표준식물목록 2020년 개정판에 민들레가 없었습니다. 2017년 개정판에는 있었는데 말이지요. 민들레속에 민들레라는 정식 이름이 밀려난 것을 확인하고 어안이 벙벙했습니다. 무척 당황스러워서 '이게 무슨 일이지?'라는 생각에 잠시 넋이 나갔었습니다. 식물 이름 하나 사라졌다고 뭐 별일이야 있을까마는, 사람의 정서는 그게 아닙니다. 봄날, 풀밭에 노랗게 피어나는 여러 종류의 민들레를 보통 통칭해 '민들레'라고 불렀습니다. 그게 서양민들레든 우리 민들레든 중요하지 않았지요. 그만큼 민들레는 그렇게 생긴 꽃들만 보면 저절로 튀어나오던

이름이었습니다. 공식적으로 민들레라는 이름을 사용할 수 없게 되었다는 사실을 알았을 때 무척 쓸쓸하고 허전했습니다. 민들레는 털민들레의 이명으로 처리되어 버렸지요.

민들레는 봄이 되면 볕이 아주 잘 드는 풀밭이나 밭둑, 길섶에서 흔하게 자라는 풀입니다. 도회지에서는 심지도 않았는데도 근린공원이나 아파트 화단에, 또 보도블록 사이사이에서 노란 꽃을 내밀지요.

민들레 노란 꽃 아래 꽃줄기를 손으로 잡고 툭 자르면 하얀 유액이 흘러나옵니다. 쓴맛이 나는 유액은 그들을 공격할 수 있는 곤충에게 독으로 작용할 수도 있습니다. 사람에게는 크게 문제가 되지 않지요. 먹기도 하니까요. 그렇게 잘라낸 꽃줄기를 아랫부분에서 4등분하여 길게 찢어서 꽃을 잡고 물에다 담급니다. 잠시 그렇게 두면 파마를 한 것처럼 꼬불꼬불해지는데 이것을 귀에 걸면 아주 예쁜 귀걸이가 되지요.

그뿐인가요? 꽃이 지면 기다란 털을 가진 씨앗들이 동그랗게 달립니다. 꽃보다도 그 씨앗들이 사람들의 기억에 더욱 민들레스럽게 남아 있습니다. 조심스럽게 꺾어서 후 불면 씨앗들은 바람을 타고 날아갑니다. 하얀 털이 둥실거리고 그 털을 모아 그러쥐고 있는 작은 씨앗은 무게 중심을 잡지요. 둘의 밀고 당기는 힘이 적절하게 유지되어야 더 먼 곳으로 더 안전하게 날아갈 수 있습니다. 어릴 때 이렇게 놀아본 부모와 선생님은 아이들에게도 똑같은 방법으로 놀게 합니다. 대를 이어 자연이 제공해 주는 훌륭한 장난감이지요. 이런 놀이를 할 때 저는 민들레니 서양민들레니 흰민들레니 하면서 굳이 구분하지 않습니다. 조카들을 데리고 놀 때는 그저 다 민들레도 통하지요.

우리나라 민들레속에는 몇 종류가 있습니다. 주변에서 흔하게 만나지는 민들레는 민들레, 서양민들레, 흰민들레가 있습니다. 이 세 종류를 구분하는 방법은 아주 널리 알려져 있습니다. 흰민들레는 꽃이 흰색이니 구분이 수월합니다.

민들레는 국화과로서 전형적 특징이 아주 뚜렷합니다. 두상화서(머리 모양 꽃차례)를 갖고 있지요. 꽃이 꽃줄기 끝에서 아주 빽빽하게 모여 달립니다. 머리에 머리카락이 나는 것처럼요. 결국 민들레는 하나의 꽃이 아니라 여러 개의 작은 꽃이 촘촘히 모여서 우리에게 샛노란 하나의 꽃으로 보이는 것입니다. 그 작은 하나의 꽃에서 하나의 씨앗이 달립니다. 모든 민들레가 모두 같은 방법으로 꽃을 피우고 열매를 만듭니다. 그렇다 보니 서양에서 들어와서 제 집인 양 살고 있는 서양민들레와 민들레가 혼동되는 경우가 많습니다.

서양민들레와 우리 민들레를 구분하기 어려워하는 경우가 많지요. 그래서 주로 꽃을 받치고 있는 총포의 모양을 봅니다. 가늘고 많은 노란 꽃들을 하나도 놓치지 않으려고 꽃 아래에서 움켜잡고 있는 것을 총포라고 합니다. 그 총포의 바깥쪽 조각들이 서로 다르게 생겼습니다. 꽃이 피었을 때 민들레는 총포가 그대로 꽃들을 받치고 있고 서양민들레는 아래로 젖혀져 있습니다. 보통 그것으로 구분하지요. 그러나 사실 굳이 허리 굽혀 꽃을 뒤집어 아래쪽에 숨어 있는 총포를 보지 않아도 구분이 가능합니다. 꽃이 좀 다르게 생겼거든요. 훨씬 화사하고 꽃이 풍성한 것이 서양민들레입니다.

기본적으로 민들레보다 서양민들레가 꽃차례에 꽃들이 훨씬 많이 모여 있습니다. 서양민들레는 꽃이 활짝 피었을 때 빽빽한 꽃들이 사방으로 퍼지고 가장자리 꽃은 기어이 아래로 휘어지는 경향을 보입니다. 그래서 전체의 모양은 옆에서 보면 반원형입니다. 엎어놓은 반달 모양으로 위로 아주 둥글게 배가 볼록하지요. 그러나 민들레는 그에 비해 꽃의 개수가 훨씬 적습니다. 꽃이 활짝 피어도 서양민들레에 비해 빈약합니다. 서로 밀치는 꽃들이 적으니 굳이 바깥쪽 꽃들이 아래로 많이 휘어질 이유가 없지요. 민들레는 옆에서 보면 그저 포물선을 그리는 정도이거나 거의 편평한 꽃도 있습니다. 굳이 옆에서 보지 않고 위에서 내려다만 보아도 풍성함에 차이가 분명하게 있습니다. 보다 촘촘하고 색이 더욱 진하다 싶으면 서양민들레입니다. 더 많은 개수가 모여 있어 색도 더욱 진하고 선명하게 느껴집니다. 그리고 우리 민들레는 봄에만 꽃이 피지만 서양민들레는 늦여름까지 꽃이 피는 경우가 흔합니다. 꽃의 개수가 많고 또 오래 피기까지 하니 민들레보다 번식에 훨씬 유리합니다. 그래서 서양민들레는 흔히 보이지만 우리 민들레는 만나기 쉽지 않습니다.

그럼 꽃이 없을 때 알아볼 방법은 없을까요? 그 역시 어렵지 않습니다. 잎이 서로 많이 다릅니다. 일단 크기에 있어서 서양민들레가 현저히 크고 톱니가 아주 깊고 날카로우며 결정적으로 잎의 색이 다릅니다. 둘 다 식물이기 때문에 기본적으로 초록색인 것은 맞습니다. 그러나 식물에 따라서 그 초록이 천차만별입니다. 그냥 초록색이라고 표현하기는 너무나 아쉬울 정도로 차이가 뚜렷합니다. 기본적으로 초록색을 상상했을 때, 거기다가 붉은색을 한 방울 추가하면 우리 민들레입니다. 초록색에다 검정색을 추가하면 서양민들레입니다.

꽃 없이 잎사귀만 있어도 누구보다 잘 구분하는 사람들이 있습니다. 자연에서 먹거리를 얻을 수밖에 없는 환경에서 살아온 시골 할머니들입니다. 그분들은 땅바닥에 딱 붙어 엎드린 잎사귀만으로 민들레와 서양민들레를 구분할 줄 압니다. 물론 둘 다 그냥 민들레라고 부르면서도 말이지요. 민들레의 잎은 먹을 수 있습니다. 아직 꽃이 피기 전에 칼로 아랫부분을 잘라 생으로 겉절이를 하면 그 맛이 기가 막힙니다. 쌉싸름하면서 끝맛이 달짝지근합니다. 딱 한 움큼만으로 달아났던 입맛이 돌아옵니다.

밥 한 그릇을 뚝딱 비우게 하는 그 쓴맛이 서양민들레는 좀 다릅니다. 쓴맛에 부드러움과 달큰함이 거의 없습니다. 거칠게 쓴맛이 나는 서양민들레의 잎사귀는 나물로 환영받지 못합니다. 시골에는 둘이 혼재하여 자라는 경우가 흔한데 정확하게 구분할 수 있는 이들은 바로 민들레 겉절이를 먹어본 사람들입니다. 도회지 가까운 곳에도 오일장이 서고 봄날 장날에 민들레 나물이 종종 보입니다. 그러나 그 나물들은 대부분 서양민들레입니다. 민들레와 서양민들레를 구분하지 못하는 사람들은 그 나물로도 아주 맛있다고 하면서 먹습니다. 그러나 그 둘의 생김새와 맛을 구분할 줄 아는 저 같은 사람들은 시장에 나온 나물을 보면서 아쉬운 마음이 들 수밖에 없습니다. 민들레는 자생지뿐만이 아니라 시장에서도 서양민들레에게 밀리고 있습니다. 더군다나 공식적인 이름도 민들레가 아니라 털민들레라고 했을 때 가슴이 철렁했습니다.

민들레의 학명은 타락사쿰 몽골리쿰*Taraxacum mongolicum*입니다. 속명 타락사쿰은 쓴맛이 나는 풀이라는 뜻의 아랍어와 페르시아어에서 유래되었다고 합니다. 종소명 몽골리쿰은 몽고에서 난다는 뜻입니다. 현재는 민들레가 정식 국명이고 털민들레가 이명으로 되어 있습니다. 우리가 보통 민들레라고 함께 부르는 서양민들레의 학명은 타락사쿰 오피시날레*T. officinale*이며 종소명 오피시날레의 뜻은 약용, 또는 약효가 있다는 뜻입니다. 서양민들레뿐만 아니라 민들레라는 이름이 붙은 식물들은 대체로 예부터 약용으로 쓰였지요.

서양민들레는 귀화식물로 1780년에 학명이 명명되었습니다. 아주 오래전에 발견된 식물이지요. 민들레는 1907년에 학명이 명명되었습니다. 그러나 그 이전부터 우리나라에서 평범한 서민들과 함께 살고 있었고 우리는 민들레라 불렀습니다.

이름이 이런들 저런들 뭐가 중요하냐고 생각할 수도 있습니다. 그러나 우리의 정서에는 민들레라는 이름이 아주 크게 자리하고 있습니다. 자연에서 얻을 수 있는 먹거리로, 흔하디흔하게 대를 이어온 놀잇감으로, 풀밭에 나타나는 봄의 노란 전령사로, 우리 곁에 머무는 식물이 민들레입니다. 당당하던 민들레의 이름이 한쪽으로 밀리고 민들레를 민들레라고 하면 틀렸다는 사실이 못내 섭섭하고 서러웠습니다. 비록 통칭하여 민들레라 불러도 무방할 수 있겠지만, 있던 호적이 사라진 것 같고 왠지 쫓겨난 것 같아서 마음이 쓰라렸습니다. 어느 담벼락 아래 쪼그리고 앉아서 혼자 울고 있는 것은 아닐지……. 살며시 다가가 다정하게 이름을 불러주며 어깨라도 토닥거리고 싶었지요.

그런데 그 민들레라는 이름이 2024년 2월에 보니 다시 돌아왔더군요. 무척 반가웠습니다. 다른 종으로 구분되어 있던 식물이 분류학적 재검토 등 다양한 연구로 인해 하나의 종으로 합쳐지는 경우가 가끔 있습니다. 그 경우 대표할 이름을 정하고 나머지는 이명으로 처리됩니다. 그럴 때 그동안 부르던 이름이 정명이 아닌 게 되어 섭섭한 마음이 들 때가 있습니다.

이제 민들레를 담장 아래에서 만나도 위로하기보다 위로를 받을 수 있게 되었습니다. 그저 흔하게 자라는 풀 한 포기의 힘이 이렇게 대단합니다. 그 이름이 부활하고 보니 마음이 든든하고 감격스럽기까지 합니다.

큰개불알풀

멋쩍은 본명 대신 붙여 준
예쁜 예명

이름 • 큰개불알풀
뜻 • 개불알풀보다 크다는 뜻입니다.
주서식 지역 • 전국의 밭이나 길가 등 볕이 잘 드는 곳에 자
랍니다.
꽃피는 시기 • 봄(2~5월)

"엄마! 애는 이름이 뭐지요?"

"아, 그거? 누른밥."

"누른밥? 왜 누른밥인데요?"

"가마솥에 누룽지가 눌어붙은 거 맨치로 땅바닥에 딱 눌어
붙었다 아이가."

아주 기가 막힌 이름이라는 생각이 들었습니다. 이들의 자
라는 모습을 아주 정확하게 표현한 이름이었지요. 제가 이 식
물의 이름을 몰라서 엄마에게 물었을까요? 아닙니다. 저는 이
미 알고 있는 식물의 이름도 엄마에게 종종 묻습니다. 정명이
아닌 향명이나 우리 엄마만 부르는 이름이 궁금하기 때문이지
요. 어릴 때 엄마와 산나물을 뜯으러 다니면서 질문하던 버릇

이 여전히 남아서 그럴지도 모릅니다.

그런데 이 식물을 두고 조카와 제가 질문을 주고받았던 일이 있습니다. 지금은 성인이 된 조카가 대여섯 살 때 일이었지요. 조카는 밭 가장자리에 핀 작고 파란 꽃을 보고 저에게 질문을 했습니다.

"이모! 이 꽃 이름이 뭐야?"

조카가 내려다보고 있는 꽃을 보고 순간 멈칫했습니다. 어떤 이름을 알려줘야 할지 망설여졌기 때문입니다. 공식적인 국명을 알려주자니 아이가 혐오감을 느낄까 걱정되고, 이명을 알려주자니 교육적 사명감이 흔들렸습니다. 잠시 머뭇거리다가 그냥 공식 이름을 알려주자고 마음을 정했습니다. 아이가 이름이 왜 그러냐고 얼굴을 찌푸리기라도 하면 또 다음 이야기를 곁들이자 마음먹었지요.

"큰개불알풀이야."

"큰개불알풀?"

"응."

대답을 들은 조카는 꼼짝하지 않고 쪼그리고 앉아 꽃만 내려다보았습니다. 아직은 쌀쌀한 초봄에 초록색 잎이 땅바닥에 착 붙어서 방석처럼 자라 있었습니다. 그리고 그 폭신폭신한 초록 방석 위에 하늘색의 작은 꽃들이 자신을 닮은 하늘을 향하고 있었지요. 그런 꽃을 조카는 말없이 그저 보고만 있었습니다. 뒤이은 질문을 예상하고 있었기 때문에 잠자코 기다렸습니다. 한참을 그렇게 있던 조카가 드디어 호기심 가득한 눈으로 저를 바라보았습니다. 그리고 이상하다는 표정으로 질문했지요.

"이모, 이렇게 쪼끄만데 왜 '큰'이라고 해?"

순간 저는 할 말을 잃었습니다. '개불알'이라는 단어에 대해 질문할 줄 알았거든요. 예기치 못한 예쁜 질문을 받은 저는 버벅거릴 수밖에 없었습니다. 그러고는 얼버무렸지요.

"글쎄? 이렇게 작은 꽃에게 왜 '큰'이라는 말을 붙였을까? 이모도 그건 잘 모르겠는데?"

제가 몰라서 그런 대답을 한 건 아닙니다. 큰개불알풀은 개불알풀보다 크기 때문에 그런 이름이 붙었습니다. 그러나 개불알풀을 알 길 없는 조카에게 이런 이야기를 구구절절 해보았자 별 소용이 없을 거라는 생각이 들었습니다. 그래서 이모도 모르는 것으로 마무리를 지었지요.

큰개불알풀은 이른 봄, 밭이나 시골길 가장자리 볕이 잘 드는 곳에서 자라는 두해살이식물입니다. 보통 한해살이풀은 한 해를 살면서 꽃을 피우고 뿌리까지 다 죽습니다. 그다음 해에는 다시 씨앗에서 발아해 새로운 개체로 태어나지요. 두해살이 풀도 한해살이풀과 다르지 않습니다. 씨앗에서 태어나 자라고, 꽃 피우고, 열매를 맺고, 씨앗을 퍼트린 후에, 뿌리까지 다 죽습니다. 그러고는 다음에 다시 씨앗에서 태어나지요. 사는 순서는 한해살이와 같지만 씨앗이 싹을 틔우는 계절이 서로 다릅니다. 한해살이는 봄에 싹이 나서 가을에 죽고, 두해살이는 가을에 싹이 나서 이듬해에 꽃을 피우고 뿌리까지 죽습니다. 그래서 월년초越年草라 불리기도 합니다. 해를 넘기는 풀이라는 뜻이지요.

이런 식물로는 대표적으로 큰개불알풀이 있고, 봄에 나물로 먹는 냉이와 씀바귀가 있고, 자잘한 노란 꽃을 풀밭 가득 피우는 꽃다지가 있습니다. 이 외에도 두해살이풀은 참 많이 있습니다. 이들은 가을에 이미 싹이 나서 로제트rosette(뿌리에서 난 잎이 땅 위에 방사상으로 퍼진 상태)로 겨울을 넘겼기 때문에 봄에 꽃을 일찍 피울 수 있습니다. 봄이 채 오기도 전에 중앙 부분에서 꽃대가 올라와서 바로 꽃을 피우기 시작하지요. 이들 중에서 유난히 세력이 강하고 예쁜 식물이 바로 큰개불알풀입니다.

이름이야 아름답다고 볼 수 없지만 식물 자체는 아주 귀엽고 단정한 모습을 갖고 있어요. 봄이 곧 도착할 너른 과수원 바닥에 초록색 융단처럼 깔려 꽃을 피우는 그 모습을 보면, 봄이

얼른 와서 저기 드러눕고 싶겠다는 생각이 들 정도입니다. 그런 모습을 만나면 예쁘고 사랑스러운 그들을 한 번쯤 어루만지지 않고 지나가기 어렵습니다.

큰개불알풀은 유럽, 아시아대륙 또는 아프리카에서 자랍니다. 세계적으로 너른 분포를 가지고 있지요. 우리나라에 들어와서 정착해 왕성하게 번식까지 하며 잘 살고 있는 귀화식물입니다. 학명은 베로니카 페르시카*Veronica persica*로 베로니카는 성 베로니카를 기념하는 이름입니다. 페르시카란 종소명이 붙여진 이유를 찾기가 힘들어서 기본적으로 라틴어라고 생각하고 추적했는데 복숭아라는 뜻이더군요. 그렇다면 일리가 있다는 생각이 들었습니다. 과는 다르지만 페르시카리아*Persicaria*는 잎이 복숭아(페르시카persica)를 닮았다는 뜻으로 여뀌속을 이릅니다. 큰개불알풀의 열매 윗부분이 복숭아 꼭지가 있는 윗부분과 많이 닮아 타당성이 있습니다.

그렇지만 국명은 열매 모양이 개의 고환을 닮았다고 해서 붙여졌습니다. 개불알풀을 중심으로 파생된 몇 개의 이름이 있는데 크다는 뜻의 큰개불알풀, 줄기가 곧추선 선개불알풀이 있고 작다는 뜻의 좀개불알풀, 줄기가 포복하여 누운 눈개불알풀이 있습니다. 접두어로 '선'이 붙었든 '큰'이 붙었든 모두 열매는 개불알을 닮았다는 뜻이지요. 근데 여기서 저는 다른 생각을 합니다. 그렇다고 식물의 이름을 바꾸어야 한다고 주장하는 것은 아닙니다. 그저 다른 시각을 말하고자 하는 것입니다.

큰개불알풀은 꽃이 화사한 하늘색이라서 눈에 잘 띄지만 열매는 그렇지 않습니다. 쪼그리고 앉아서 잎사귀를 들춰봐야만 하지요. 쪼그리고 앉아서 뭔가를 들여다보는 것은 저의 취미이자 특기입니다. 당연히 이들의 열매를 본 적이 있지요. 저에게는 열매가 개불알 모양으로 보이지 않았습니다. 푸른색의 독특한 모양이 설익은 풋사랑, 하트 모양으로 보였지요. 자신을 다 드러낸 하트는 아닙니다. 뾰족한 아랫부분은 꽃받침 아래에 깊이 감추고, 둥글고 부드러운 부분만을 드러낸 모양을 하고 있습니다. 상대방의 뾰족한 부분을 받아들일 준비를 어설프게 마친 그런 사랑이지요. 또 달리 보면 페르시카persica처럼 복숭아의 윗부분같이 보이기도 합니다. 그런 모양에도 불구하고 국명은 객쩍은 이름이 붙여졌습니다.

그런 까닭일까요? 큰개불알풀은 다른 식물보다 유난히 예명으로 불리는 경우가 많습니다. 바로 '봄까치꽃'이라는 이름이지요. 봄까치꽃은 큰개불알풀을 가리키는 말로 어떤 사람들은 큰개불알풀을 개불알풀로 부르기도 합니다. 손님이 오는 것을 알리는 새 까치, 그 까치처럼 봄을 알리는 꽃이라는 뜻입니다. 사실 저도 봄까치꽃이라는 이름으로 자주 부르곤 합니다. 훨씬 예쁜 이름이라는 이유 하나만으로요. 같은 연유로 공식적인 국명보다 예명이 더 사랑받는 식물이 꽤 여럿 있고 이름이 바뀐 경우도 있습니다.

'복주머니란'의 예전 이름은 개불알꽃이었지요. 이 식물은 난초과로 꽃이 커다랗고 화사한 분홍색입니다. 풍선 같은 주머니가 아래쪽으로 달린 아주 특이한 꽃인데, 이름을 왜 굳이 개불알꽃이라고 붙였을까 하고 말하는 사람들이 많았습니다. 또이 식물은 아주 귀해서 산에서 만나기가 참으로 어려운 난초과 식물입니다. 이후 복주머니란으로 이름이 바뀌었고 지금은모두 복주머니란으로 부릅니다.

이른 봄, 눈이 녹기도 전에 꽃이 피는 복수초가 있습니다. 복수초는 복 복福자와 목숨 또는 오래살다를 뜻하는 수壽를 쓴 아주 복된 이름인데 사람들은 흔히 원수를 갚는 복수復讐를 먼저떠올리거나 그렇게 오인하기도 합니다. 그렇다 보니 눈을 뚫고도 피는 꽃을 뜻하는 '눈색이꽃'이나 얼음 사이에서도 핀다고해서 '얼음새꽃'이라는 이름으로 많이 불리고 있습니다. 실제로 복수초는 일부 지역에서 아직은 겨울이랄 수도 있는 설날즈음에 꽃이 피기도 합니다.

큰개불알풀은 본명보다 예명이 더 사랑받는 식물 중 하나로 매년 봄이면 안 만날래야 안 만날 수 없는 친근한 식물입니다. 때에 따라 봄까치꽃이라고 부르기도 하지만 엄마를 만날 때는 저에게 예나 지금이나 여전히 누른밥입니다. 봄이 도착하기를 기다리며, 자잘한 하늘색 꽃으로 장식한 초록색 융단처럼 땅 위에 눌어붙은 거대한 누른밥. 제가 기억하는 큰개불알풀의 또 다른 이름입니다.

연영초

숫자 3을 품은
스칼렛 오하라의 드레스

이름 연영초
뜻 수명을 길게 한다는 뜻입니다.
주서식 지역 산속 숲에서 드물게 자랍니다.
꽃피는 시기 봄(4~5월)

숫자 3을 좋아하는 식물이 있습니다. 그녀는 바로 연영초입니다. 다른 식물과 다르게 '그녀'라고 성별을 구분하였습니다. 이유는 간단합니다. 영락없는 여인의 모습이기 때문입니다.

연영초라는 이름은 수명을 연장한다는 뜻의 연령초延齡草에서 유래한 것이라고 합니다. 보통 연령초라고 부르기도 합니다. 이는 발음의 문제이지 뜻이 다르지는 않습니다. 그러나 현재 국가표준식물목록에는 연영초가 추천국명입니다.

연영초는 약성이 있습니다. 이름을 그대로 풀이해서 더 건강하게 오래 살 수 있기를 기대하는지도 모르겠습니다. 보통 진통에 효과가 있는데, 약재로는 거의 사용되지 않는다고 합니다. 이유는 진통에 효과가 있는 한약재는 구하기 쉽고 다양할 테니까요. 굳이 귀하게 자라는 연영초를 쓸 이유도 없고, 또 환경을 까다롭게 가리고 성격이 예민한 식물을 진통제 정도로 쓰기 위해서 재배에 힘쓸 이유도 없겠지요.

연영초를 처음 만나면 사람들은 보통 의아해합니다. 도저히 숲속에 자랄 것 같지 않은 생소한 모양의 꽃이기 때문이지요. 그런 반응을 보이는 이들에게 이런 농담을 하곤 합니다. "사실은 그대들에게 보여주려고 어젯밤에 내가 몰래 심어뒀어요"라고요. 그렇지 않다는 것을 알면서도 다들 재미있어합니다. 비단 연영초뿐만 아니라 조금은 생뚱맞게, 또는 화려하게 꽃을 피우는 식물을 보고 "이거 정말 숲에서 저절로 피는 꽃 맞아?" 하고 질문하는 경우가 더러 있습니다. 그때마다 저는 늘 같은 농담을 합니다. 연영초는 이름까지 독특해서 왠지 고급스럽고 귀족적인 느낌이 들지요. 그만큼 연영초는 숲속에서 홀연히 만나지는 꽃이라고 여겨지지 않습니다.

사실 연영초는 흔히 자라는 식물은 아닙니다. 그녀들이 살고 있다는 장소를 알고서 일부러 찾아가지 않으면 우연히 만나기를 기대하기는 어렵습니다. 또 만난다 해도 겨우 서넛이 함께 있을 뿐이지요. 그런 성격과 이름 덕분에 더욱 귀하게 대접받습니다. 성격과 이름과 식물의 자태가 아주 잘 어울린다는 생각을 볼 때마다 하게 됩니다.

저는 식물에게 별명 붙이기를 좋아합니다. 제가 붙인 연영초의 별명은 '스칼렛 오하라의 드레스'입니다. 아주 오래전에 〈바람과 함께 사라지다〉라는 소설을 읽었습니다. 자잘한 글씨 속에서 상상했습니다. 끝이 보이지 않는 넓은 대지 '타라'는 가운데가 약간 솟아올라서 그 끝이 보이지 않는 둥그스름한 땅일 거라고요. 한쪽에 자라는 삼나무들은 어쩌면 제주도의 방풍림 삼나무들과 비슷하겠다고 생각했지요. 흙밭에서 치맛자락을 질질 끌면서 목화를 키우는 모습도 상상했습니다. 생기 있고 활기찬 어린 스칼렛의 드레스와 고생에 찌들어 당장 돈이 필요한 스칼렛의 수박색 드레스도 그려보았습니다.

소설에 등장하는 많은 드레스 중 연영초를 보며 떠올린 드레스는, 남북전쟁을 치르고 붉은 대지 타라에서 손수 농사를 짓던 스칼렛의 드레스입니다. 세금 낼 돈을 구하기 위해 레트 버틀러를 만나러 가기로 결심한 스칼렛은 어머니가 아끼던 수박색 커튼을 뜯어서 드레스를 만듭니다. 레트에게 후줄근한 모습을 보이기 싫었던 것이지요. 비록 돈을 위한 만남이지만 낡은 드레스를 입고 가기엔 자존심이 허락하질 않았겠지요. 윤기나는 풍성한 치맛자락과 창백한 스칼렛의 얼굴을 머릿속에 그렸습니다. 연영초를 처음 보았을 때 바로 그 스칼렛 오하라의 드레스가 떠올랐습니다. 연영초의 모습이 그 드레스와 영락없이 닮았습니다.

연영초의 잎은 아주 화려한 파티 드레스입니다. 허리에서 부터 넓게 세 장의 잎이 드리워져 있습니다. 잎의 형태를 따라 곡선을 그리며 끝까지 쭉 뻗어 내린 잎맥은 뾰족하게 흐른 날카로운 잎끝에 닿습니다. 그 큰 잎맥과 잎맥 사이에 사선으로 연결된 작은 맥들이 치맛자락이 흐트러지지 않도록 합니다.

세 장의 잎은 가장자리가 서로 맞닿아 살짝 겹쳐지지만 아래로 처지지 않고 풍성함을 고수합니다. 패티코트를 얼마나 잘 차려 입었나 드레스를 들춰보고 싶은 충동마저 생깁니다. 힘 있게 떨친 세 장의 잎 가운데에 흰 꽃이 딱 한 송이 핍니다. 세 장의 꽃받침은 치맛자락보다 조금 연한 푸른색이고 역시 세 장의 꽃잎은 뽀얗다 못해 핏기 없이 창백한 얼굴입니다. 그 안쪽으로 3의 배수인 6개의 수술이 있습니다. 다시 그 안쪽에 암술이 있습니다. 암술머리는 셋으로 깊게 갈라져서 그 끝이 아래로 말려 있고 두툼한 프릴 가장자리는 살짝 주름을 이루고 있습니다. 그 아래로 6개의 삐죽한 능각이 있는 항아리 모양의 씨방이 있습니다. 별 모양의 항아리에 세 줄기 흰 꽃이 꽂혀 있는 것 같기도 합니다. 각각의 역할을 하는 우윳빛의 기관들을 감싼 창백한 꽃은 또 다른 매력을 숨기고 있습니다. 감히 범접

하기 어려운 고혹적인 향기를 품고 있지요. 그녀의 고혹적이고 농염한 향기에 두 눈이 저절로 스르르 감기면서 정신이 혼미해집니다.

어쩌면 스칼렛도 그런 여인이고 싶었는지도 모르겠습니다. 가까이 다가가기 쉽지 않고 그렇다고 포기하고 싶지도 않은 치명적인 매력을 가진 여인, 누군가를 유혹하고자 하는 적극적 의지가 있으나 쉽게 보이고 싶지는 않은 이중적인 마음을 숨겼다고나 할까요. 연영초도 그렇습니다. 고귀하지만 만지고 싶고 느껴보고 싶은 유혹을 떨치기 어렵지요. 그런 꽃을 보고 그 앞에 무릎을 꿇지 않을 수 없습니다. 그래서 저는 매번 그들 앞에 무릎을 꿇어 엎드립니다. 단 하나의 줄기 위에 푸른 세 장의 드레스 자락, 그 위의 새하얀 창백한 뺨에 코를 들이대고 결국은 탐욕스럽게 킁킁거리고 있는 저 자신을 발견합니다. 그녀의 덫에 걸려들고 마는 행동일지라도 늘 하게 됩니다. 그리고 동행한 이들에게도 권하지요. 해보라고요. 그래야만 연영초의 진정한 매력을 알 수 있다고 말입니다. 좀 탐욕스러워 보이면 어떻습니까? 수년에 한 번씩 겨우 만나지는 그녀 앞에서 자존심을 세울 일이 뭐가 있을까요? 레트 버틀러를 찾아가는 스칼렛 오하라도 아닌데 말입니다. 그냥 그녀의 매력을 구걸하고 말면 그만입니다.

연영초는 숫자 3과 관련이 깊습니다. 3으로 누구도 흉내 내지 못할 자태를 만들어 냅니다. 세 장의 커다란 잎, 3개의 꽃받침, 3개의 꽃잎, 셋으로 갈라진 암술머리, 나머지는 3의 배수인 6으로 구성되어 있습니다. 식물들은 이렇게 숫자에 규칙을 두는 경우가 꽤 많습니다. 특히 백합과에 속하는 식물들이 그렇습니다. 그렇지만 잎까지 3이라는 숫자를 고수하는 경우는 흔치 않습니다. 그중에 대표적인 식물이 연영초입니다. 연영초속 트릴리움*Trillium*의 뜻도 숫자 3과 관련 있습니다. 3의 뜻을 가진 그리스어 '트레이스*treis*'에서 유래되었습니다. 연영초의 학명은 트릴리움 캄차트켄스*Trillium camschatcense*입니다. 종소명 캄차트켄스는 러시아의 캄차카에 분포한다는 뜻이지요. 실제로 캄차카 숲속에서 본 적이 있습니다.

러시아 동부 캄차카반도로 식물탐사를 다녀온 적이 있습니다. 숲으로 난 길은 아주 험했습니다. 길바닥은 여름철에 빗물이 모여 흐르면서 작지만 깊은 계곡들이 형성되었고 꼭 난도질당한 모습이었습니다. 정비가 전혀 안 된 그런 길을 아주 길게 달렸습니다. 일행들과 함께 덤프트럭을 개조한 버스를 타고 숲길을 달리며 숲속에 어떤 식물이 있나 살폈습니다. 가끔은 몸이 붕 떠서 누군가의 머리가 천정에 닿을 만큼 험한 길이 었습니다. 그런 길을 달리다 차창 밖으로 연영초를 보았습니다. 손잡이를 꼭 붙든 채 눈은 숲에다 둔 덕분이었지요. 덜컹거리는 트럭 버스 속에서 보기만 할 뿐 가까이 가지 못하고 그녀의 향기를 탐닉하지 못한 것이 못내 아쉬웠습니다. 멀리서 본 모습은 우리나라의 연영초와 별반 다르지 않았지만 향기도 그럴까 하는 궁금증이 생겼습니다. 자연환경이 다르니 찾아오는 곤충도 다를 것이고, 그렇다면 곤충을 유인하고자 하는 향기도 다를 수 있지 않을까 하는 상상을 혼자 했습니다. 그녀에게서 쉬 눈길을 거두지 못했지요.

연영초 못지않게 우리나라 사람들도 숫자 3을 좋아합니다. 삼판양승, 삼세판이라는 말을 많이 쓰지요. 게임이나 내기를 할 때 특히 3이 자주 등장합니다. 3이 언급될 때 머릿속에는 트릴리움*Trillium*이라는 이름과 함께 그녀들의 푸른 잎사귀가 떠오릅니다. 바람이 불면 잎사귀 아래로 바람이 숨어들고 잎이 흔들립니다. 고개를 빳빳하게 들고 사뿐거리며 걸을 때 드레스 자락이 흔들리는 그 모습입니다. 연영초는 영락없이 자존심 강한 스칼렛 오하라의 드레스입니다.

식물 이름 속에 숨겨진
사람 이름

이름 ▪ 미선나무
뜻 ▪ 미선이라 불리는 부채와 열매 모양이 닮았다는 뜻입니다.
주 서식 지역 ▪ 전북, 충북의 전석지(암반에서 떨어진 돌들이 쌓인 곳)에서 주로 자랍니다.
꽃 피는 시기 ▪ 봄(3~4월)

이름 ▪ 댕강나무 (줄댕강나무)
뜻 ▪ 줄기가 댕강댕강 잘 부러진다는 뜻입니다.
주 서식 지역 ▪ 단양, 영월 등 석회암 지역에 자랍니다.
꽃 피는 시기 ▪ 봄(5월)

처음 자생지에서 미선나무를 만났을 때 단번에 알아보지 못했습니다. 충청도 어느 산기슭이었는데 많은 바위들 틈새에 뿌리를 내리고 아슬아슬하게 살고 있었습니다. 가느다란 가지에 꽃이 달렸는데 색이 화려하지 않고 크기도 작았습니다. 이른 봄, 잎이 나기 전에 피운 흰 꽃은 줄기에 드문드문 달려 있었지요. 그렇다고 우리가 알고 있는 물감 색처럼 완전한 백색은 아닙니다. 약간 노르스름하기도 하고 약간 발그레하기도 한 묘하게 아름다운 빛깔이지요.

산에서 만난 그들은 심어서 가꾼 나무와는 확연히 달랐습니다. 그동안 봐오던 미선나무는 줄기에 촘촘하게 수도 없이 많은 꽃이 달려 있었지요. 그래서 그럴 줄 알았습니다. 하지만 실제로 자연스러운 상태의 꽃은 그저 왜소하고 가냘프기만 했습니다. 가슴 한켠에 애틋한 마음을 피우게 하는 나무였어요.

미선나무라는 이름은 열매 모양 때문에 붙은 것입니다. 대를 쪼개서 가늘게 깎아 만든 개비를 둥글게 펴서 실로 엮은 다음, 종이를 앞뒤로 발라서 만든 둥그스름한 모양의 부채를 미선尾扇이라고 합니다. 미선을 한자로 보면 꼬리 미尾, 부채 선扇으로 생각할 수 있습니다. 그래서 가지가 꼬리처럼 드리워지고 열매가 부채를 닮아 미선이라고 풀이하는 경우도 있습니다.

그러나 저는 미尾를 다른 뜻으로 풀이해 보고자 합니다. 사극이나 그림동화에서 궁중연회나 잔치를 열 때, 임금의 등 뒤에 시녀들이 들고 있는 크고 자루가 긴 부채를 미선이라고 합니다. 미선나무의 열매가 그 부채를 닮았다는 것은 이견이 없는 것 같습니다. 그러나 한자漢字는 한 가지 글자가 여러 가지 뜻을 가지고 있는 경우가 흔하지요. 우리가 꼬리 미尾로 흔히 알고 있는 글자는 '등' 또는 '등 뒤'라는 뜻을 동시에 가지고 있습니다. 그렇게 보면 미선은 '등 뒤의 부채'라는 뜻이 됩니다. 임금의 등 뒤에 있던 부채라고 볼 수 있지요. 저는 이 스토리로 이름을 기억하는 것이 관련성이 높아서 그런지 더 쉽게 기억이 됩니다. 어쨌든 이름이 열매의 형태를 향해 있다 보니 꽃보다 열매에 더 집중되는 경향이 있습니다. 꽃도 열매 못지않게 예쁘고 특별한데 말이죠.

미선나무의 꽃은 개나리와 동일한 형태를 하고 있습니다. 통꽃이며 네 갈래로 깊게 갈라집니다. 화사한 개나리의 노란색과 달리 흰색이며 꽃이 개나리보다 훨씬 작습니다. 꽃 속은 또 비슷한데 둘 다 같은 번식방법을 씁니다. 꽃 속에 암술과 수술이 함께 존재하며 그 크기가 개체마다 다를 수 있습니다. 어떤 개체는 암술이 수술보다 길고 어떤 개체는 수술이 암술보다 길지요. 암술이 더 긴 것을 장주화라고 하고 짧은 것을 단주화라고 합니다. 장주화는 암술이 더 튀어나와 있고 단주화는 수술에 가려져 암술이 잘 보이지 않습니다. 이는 근친교배를 막기 위한 전략입니다. 이 두 개체 간에 꽃가루받이가 이루어져야 열매를 맺을 수 있습니다. 그래서 장주화 나무와 단주화 나무가 적절히 섞여 있는 것이 식물에게 더 유리합니다. 간혹 장주화가 암꽃 역할을 하고 단주화가 수꽃 역할을 한다는 내용이 있습니다. 그러나 제가 관찰한 바로는 미선나무는 두 나무에 열매가 비교적 큰 차이 없이 많이 달립니다. 따라서 길이와 상관없이 각각 암술과 수술이 제 역할을 잘 하는 것으로 보입니다.

개나리는 주로 사람에 의해 삽목으로 번식이 됩니다. 그렇다 보니 장주화가 있는 곳에는 장주화만 늘게 되고 단주화가 있는 곳에는 단주화만 많아지게 되지요. 그래서 두 꽃 간에 꽃가루받이가 이루어지기 힘들고 열매를 달고 있는 개나리는 보기 어렵습니다. 개나리에 비해 미선나무는 적절히 함께 있는 경우가 많습니다. 열매가 달린 것을 더 쉽게 볼 수 있지요. 개나리가 주변에 더 많은데도 사람들이 미선나무 열매를 더 잘 알고 있는 것은 어쩌면 이 때문이 아닐까 싶습니다.

미선나무는 일속一屬 일종一種 식물입니다. 미선나무속에 미선나무 한 종만 존재하지요. 기본적으로 같은 속屬에는 여러 종이 존재하는 경우가 많습니다. 제비꽃과 제비꽃속에 수십 종이 있는 것처럼 말입니다. 미선나무속은 속屬 자체가 한국특산식물속입니다. 특산식물이란 특정한 지역에만 나는 식물을 말하며 고유종, 고유식물이라고 하기도 합니다.

한국특산식물은 한국에서만 자생하는 식물을 말하는 것으로 미선나무가 그 대표적인 예라 할 수 있습니다. 한국특산식물속이면, 그 속에 속하는 모든 종이 다 한국특산식물이 되지요. 그러나 일속 일종이라서 미선나무만 한국특산식물입니다. 더불어 세계적인 희귀식물이기도 합니다. 한반도에서 멸종하면 지구상에서 그 자생지는 사라지게 되는 것입니다. 미선나무 자생지는 천연기념물이나 보호구역으로 정해진 곳이 많습니다. 일속 일종인 이유로 같은 물푸레나무과지만 속屬이 다른 개나리와 비교할 수밖에 없었습니다. 물푸레나무과 안에서는 서로 형태가 가장 비슷한 나무이니까요.

미선나무의 학명은 아벨리오필룸 디스티쿰*Abeliophyllum distichum*입니다. 속명 아벨리오필룸은 아벨리아*Abelia*속과 잎(필룸*phyllon*)의 합성어로 아벨리아속 식물과 잎이 닮았다는 뜻입니다. 종소명 디스티쿰는 '2열로 난'이라는 뜻으로 잎들이 두 줄로 나란히 줄지어 마주 달린 것에서 유래되었습니다.

미선나무가 닮았다고 하는 아벨리아는 어떤 식물일까요? 아벨리아는 우리나라에도 살고 있습니다. 원기재명의 속명은 아벨리아*Abelia*였으나 지금은 국가표준식물목록과 국가생물종목록 모두 자벨리아*Zabelia*로 변경되었습니다. 이들은 아무 데서나 살지 않아요. 내륙에서 가장 많이 자생하는 곳은 대표적으로 문경, 제천과 강원도 영월 지역입니다. 우리나라의 대표적인 석회암 지역이지요. 더불어 자벨리아는 햇볕을 아주 좋아하는 편입니다. 저는 자벨리아가 살고 있는 영월을 특히 좋아합니다. 식물탐사를 위해서, 식물조사를 위해서, 그리고 여행으로 종종 간 곳이기도 합니다. 그곳엔 단종의 유배지인 청령포가 있고, 장릉이 있습니다. 청령포와 장릉 사이에 있는 선돌

전망대도 아주 아름답지요. 이렇게 영월 이야기를 하는 이유는 따로 있습니다. 영월을 여행한다면 꼭 경험해 보기를 권하고 싶은 것이 있기 때문입니다.

5월 하순, 냉방도 난방도 필요 없는 아주 좋은 계절에 자벨리아는 피어납니다. 여름이 오기 전 마지막 봄꽃이라고 해도 과언이 아닙니다. 영월 지역에는 자벨리아가 상당히 많은데 대표적으로 댕강나무가 있습니다. 댕강나무라는 이름은 줄기가 댕강댕강 잘 부러진다는 데서 유래되었지요. 진짜 그런지 궁금해서 한번 꺾어 보았습니다. 실제로 댕강댕강 잘 부러집니다.

줄기가 위로 갈수록 약간은 휘어지는 성질을 가진 자벨리아, 그중에서 댕강나무(줄댕강나무)는 가장 꽃을 풍성하게 피웁니다. 다른 댕강나무류들은 가지 끝에 연한 붉은 색의 꽃이 2개씩 달리는데, 댕강나무(줄댕강나무)는 여러 개의 꽃이 모여 달립니다. 그래서 더욱 풍성하고 아름다우며 눈에 띄기 쉽습니다. 이들은 영월읍으로 가기 전 도로 가장자리 산자락에 많이 자생합니다. 그냥 평범한 동네 야산같이 특별할 것 없어 보이는 산에서 햇볕을 담뿍 받으며 자라지요. 이 산들에는 대체로 키 큰 나무가 없어서 관목이면서 볕을 좋아하는 댕강나무가 살기에 아주 좋습니다. 주변에는 간간이 털댕강나무도 섞여 자랍니다.

늦은 5월에 영월을 지나갈 때는 고가도로보다는 옛길을 선택하기를 권하고 싶습니다. 영월읍에서 좀 떨어진 곳부터 간간이 나타나는 자벨리아가 꽃을 피우기 때문이죠. 특히 방절리라는 마을이 있습니다. 그 마을에서 영월 방향의 좁은 도로를 기준으로 오른쪽은 서강이고 왼쪽은 그저 야트막한 동산입니다. 그 동산에 자벨리아가 군락을 이루어 살고 있습니다. 휘어지는 성질의 가지들이 도로 방향으로 늘어져서 꽃을 피웁니다. 운전자를 제외한 사람들은 한눈을 팔 필요성이 아주 높은 곳이지요. 아니, 꼭 한눈을 팔아야만 합니다. 그곳을 지날 때는 반드시 차창을 열어두는 것도 잊지 마시길 바랍니다. 향기가 바람을 타고 날아와 차 안에 가득 차게 됩니다. 그 향기를 놓치면 영월의 늦봄은 그저 절반의 매력만이 있을 뿐입니다. 그런데 대부분 사람들이 그 향기를 놓칩니다. 저는 그게 안타깝게 여겨지고요. 만약에 자벨리아가 꽃피는 계절에 영월 여행을 한다면 시간적 여유를 약간 두고서 옛길을 느리게 달리기를 권합니다.

댕강나무류 중 자연 속이 아니라 사람의 손에 의해 재배되는 식물은 아벨리아*Abelia*라는 학명을 여전히 쓰고 있습니다. 재배식물은 교잡종이 많은데 현재 학명이 자벨리아*Zabelia*로 바뀌었다고 해도 교잡종으로 개발할 당시의 학명을 그대로 쓰고 있습니다. 또 아직 여러 검색에서 댕강나무의 학명이 아벨리아로 나오는 데도 있습니다. 이는 학명이 바뀌기 전에 작성된 글들이 많기 때문입니다. 또 댕강나무라는 이름을 가졌다 해도 자벨리아속이 아닌 경우도 있습니다. 예를 들면 일본에 자생한다고 알려져 있었으나 우리나라에서는 경남 천성산에서 처음 발견된 주걱댕강나무가 대표적인 경우입니다. 그때 당시 주걱댕강나무 역시 아벨리아속이었으나 현재 주걱댕강나무의 학명은 디아벨리아 스파투라타*Diabelia spathulata*입니다. 속명의 뜻은 '아벨리아 출신' 또는 '아벨리아로부터 분리'라는 정도의 뜻이며, 종소명은 '주걱 모양의'라는 뜻입니다.

놓치면 억울할 만큼 달콤한 향기를 가진 자벨리아. 만약에 저였다면 향기에 근거를 두고 명명하지 않았을까 싶습니다. 댕강나무의 학명은 자벨리아 태효니*Zabelia tyaihyonii*입니다. 예전에 아벨리아로 불렸을 때 속명 아벨리아*Abelia*는 사람 이름에서 따왔는데 영국 의학자이자 박물학자 클라크 아벨Dr. Clarke Abel을 기념하여 붙였습니다. 종소명도 사람의 이름입니다. 종소명 태효니*tyaihyonii*는 한국의 식물분류학자 정태현 박사님(1882-1971)을 기리기 위하여 붙여졌습니다. 지금의 자벨리아의 Z는 유래가 정확하지 않은데 전치사로서 아벨레아의, 아벨리아로부터, 라고 풀이할 수 있다는 것이 저의 생각입니다.

정태현 박사님은 식물을 채집하여 식물분류학 연구를 시작한 선구자로, 1911년 북한산의 식물을 조사한 최초의 한국인으로 알려져 있습니다. 학명 중에는 이처럼 속명도 종소명도 사람의 이름인 경우가 간혹 있습니다. 그 식물과 관련된 사람의 이름일 수도 있고, 그저 기념하고 싶은 사람의 이름일 수도 있습니다. 대표적인 예가 될 수 있는 아벨리아(현재는 자벨리아)는 나무의 형태적, 생태적 특징이 전혀 드러나지 않는 학명을 가졌습니다. 반면에 미선나무는 아벨리아와 잎이 닮았다는 이유로 아벨리오필룸*Abeliophyllum*이라는 사람의 이름이 들어간 속명을 가지게 되었지요. 미선나무가 잎 폭이 좀 더 넓은 경향이 있긴 하지만, 실제로 잎이 서로 닮은 데가 있습니다.

속도 과도 서로 다른, 그저 잎이 닮은 데서 시작한 이름이었습니다. 그 이름을 따라오다 보니 잊고 있었던 고 정태현 박사님의 존함까지 언급하게 되었습니다. 식물에 대해 자꾸만 관심을 가지다 보면 많은 부분이 서로 연결되어 있습니다. 알고자 했던 것보다 더 깊은 식물분류학의 역사까지 알게 되는 경우가 있지요. 그래서 이름은 참 중요하고도 재미있다는 생각이 듭니다. 그 식물의 이름 끝에 어떤 이야기가, 어떤 역사가, 어떤 인물이 숨어 있을지 알 수 없기 때문에 더욱 그렇습니다.

3부

닮은 이름, 두 개의 이름

'너도'와 '나도'가 모이면
가족일까?

이름 ◦ 너도밤나무
뜻 ◦ 작은 열매가 밤을 닮았다고 해서 붙은 이름입니다.
주서식 지역 ◦ 울릉도 숲속에 자랍니다.
꽃 피는 시기 ◦ 봄(5월)

이름 ◦ 나도밤나무
뜻 ◦ 잎의 모양이 밤나무를 닮았다고 해서 붙은 이름입니다.
주서식 지역 ◦ 내륙 남쪽과 서쪽 지방의 숲속에 자랍니다.
꽃 피는 시기 ◦ 초여름(6~7월)

식물 이름에 '너도'나 '나도'가 접두어로 붙은 경우들이 있습니다. 너도 닮았고 나도 닮았다는 뜻으로 서로 뭔가가 비슷할 때 주로 붙입니다. 너도밤나무나 나도밤나무는 밤나무를 닮았다는 뜻이지요. 그러나 여기서 주의해야 할 점이 있습니다. 이름만으로 서로 아주 가까운 친척관계로 생각해 버리기 쉽다는 것이지요. 그러나 사실 이들은 서로 비슷하다고 볼 수 없습니다. 또 가까운 친척관계도 아닙니다.

밤나무와 너도밤나무는 같은 참나무과에 속하지만 속이 다릅니다. 밤나무의 속명은 카스타네아*Castanea*로 카스타나castana(밤)에서 유래되었습니다. 너도밤나무는 파구스*Fagus*로 '먹다'라는 뜻의 그리스어 파게인phagein에서 유래되었다고 합니다. 나도밤나무는 아예 친척이라고 할 수도 없습니다. 나도밤나무과로 과부터 따로 분리되어 있으니까요. 나도밤나무속 속명 멜리오스마*Meliosma*는 꿀과 냄새의 합성어이며 꽃에서 꿀 냄새가 나는 데서 유래되었다고 합니다. 꽃이 필 때 전국을 뒤덮는 비릿한 냄새의 밤나무와는 완전히 다른 향기겠지요. 이들은 그저 국명과 관련된 설화들 때문에 근연종(생물의 분류에서 유연관계가 깊은 종)으로 오해받기도 합니다.

너도밤나무와 나도밤나무에 대한 설화를 한 번쯤 들어보신 분들이 많을 겁니다. 전해 내려오는 이야기는 율곡 이이 선생과 관련이 있습니다. 모친이신 신사임당께서 율곡 선생을 잉태하셨을 때, 아이가 호랑이에게 물려 죽을 운명이니 밤나무 100그루를 잘 키우면 그 화를 면할 수 있을 것이라는 말을 산신령에게 듣습니다. 그 후 밤나무 100그루를 잘 키웠으나 그중 한그루가 죽어 99그루가 되는 바람에 호랑이가 율곡 선생을 물어가려 했다고 합니다. 그때 어디선가 "나도 밤나무다"라는 외침이 들렸고 그 한그루 덕분에 호환을 면했다는 이야기입니다. 그래서 호가 율곡栗谷, 즉 밤나무골이라는 설도 함께 하게 되었지요.

너도밤나무도 유사한 이야기로 전해집니다. 역시 호환을 면하기 위해 "나도 밤나무다"라고 소리치는 나무가 있었고 "너도 밤나무냐?"라고 되물어서 너도밤나무가 되었다는 이야기입니다. 또 어떤 경우는 율곡 선생의 밤나무 지팡이가 호환에 처한 아이를 구하기 위해 "나도 밤나무다"라고 외쳤다는 이야기도 있습니다. 율곡 선생은 호 덕분에 밤나무와 관련 있는 설화에 자주 등장합니다. 이야기들은 다양한 방향으로 흐르지만 어쨌든 밤나무라고 외치는 누군가 덕분에 생명을 건지는 내용으로 끝이 납니다.

율곡 선생의 생가는 오죽헌입니다. 강원도 강릉에 있지요. 그 지방에는 아이러니하게도 너도밤나무도 나도밤나무도 살지 않습니다. 너도밤나무는 한반도에서 울릉도가 유일한 자생지입니다. 울릉도를 벗어나면 자생 상태의 너도밤나무는 없으며 육지의 너도밤나무는 모두 심은 나무입니다. 주로 수목원이나 식물원에 가야만 한두 그루씩 겨우 볼 수 있지요.

너도밤나무가 이런 이름을 가진 데는 열매가 작은 밤을 닮았다는 뜻에서 유래되었다고 보고 있습니다. 밤나무의 열매는 아주 크지만 너도밤나무의 열매는 도토리 정도의 크기입니다. 밤 가시처럼 가시가 있는 깍정이 안에 몇 개의 씨앗이 들어 있지요. 잘 여물어서 땅에 떨어지면 깍정이가 갈라지고 그 씨앗들이 보입니다. 그 모습이 가을에 잘 익어서 벌어진 밤송이와 닮았습니다.

반면에 나도밤나무는 잎이 밤나무를 닮아서 그렇게 이름이 붙었습니다. 그러나 꽃과 열매는 그 어느 것도 밤나무와 닮지 않았답니다. 주로 바닷가나 바다가 지나치게 멀지 않은 내륙에서 종종 만나지는 나무입니다. 경남에서부터 서쪽을 따라 전라도, 충청남도, 경기도 등지에서 주로 자생합니다. 동해안 지역에는 자생지가 알려져 있지 않습니다. 그런데 어쩌다 동해안에서는 자생하지 않는 나무들이 강릉이 무대인 그 설화에 등장하게 되었을까요? 저는 어쩌면 율곡 선생의 호 때문이지 않을까 하는 생각입니다. 밤나무와 연결 지으려다 보니 너도밤나무와 나도밤나무까지 소환된 것이라고요.

다른 식물에도 이런 접두어가 붙은 경우가 더러 있습니다. 그중에서 바람꽃과 너도바람꽃, 나도바람꽃이 있습니다. 이들도 같은 속屬에 속하는 가까운 친척관계라고 생각하기 쉽지만 역시 그렇지 않습니다. 모두 미나리아재비과에 속하지만 바람꽃은 바람꽃속(아네모네 *Anemone*)이고, 너도바람꽃은 너도바람꽃속(에란티스 *Eranthis*)이며, 나도바람꽃은 나도바람꽃속(에네미온 *Enemion*)입니다.

이 중 아네모네는 친숙한 이름입니다. 지중해산 아네모네는 그리스명으로 '바람의 딸'이라는 뜻입니다. 그리스어로 바람이라는 뜻의 아네모스Anemos에서 비롯되어 속명으로 되었습니다. 아네모네의 다양한 이야기는 그리스신화와 관련 있는 경우가 많습니다. 보통 사랑, 질투, 외도, 슬픔, 죽음으로 이어지지요. 아네모네는 현재 다양한 색으로 개량되어 절화용으로 꽃집에서 많이 볼 수 있고, 화초로 키우기도 합니다. 그렇다면 우리나라의 산에도 아네모네가 많이 자생하고 있을까요?

대부분의 사람들은 아네모네라고 하면 꽃집에 있는 화려한 색의 꽃만 생각하는 경우가 많습니다. 우리나라에서는 거의 보기 어렵다고 여길지도 모릅니다. 그러나 생각보다 쉽게 만날 수 있습니다. 꽃집이 아니라 산에서 말이죠. 국가표준식물목록에 의하면, 우리나라에 자생하는 아네모네는 10종이 넘습니다. 공통적으로 꽃은 거의 흰색으로 그들은 우리나라 전국 각처의 산지에서 자랍니다. 아네모네는 대체로 봄에 꽃이 피는데 그중에서 꿩의바람꽃과 홀아비바람꽃이 비교적 쉽게 만나집니다. 이름에서 이미 꿩이라는 새와 관련이 있고 외로움이 연상됩니다. 홀아비바람꽃은 줄기에 꽃대가 하나씩 달리는데 그 모습이 외로운 홀아비 같았나 봅니다. 그러나 홀아비바람꽃을 처음 보는 사람 중에는 귀엽고 앙증맞은 그 모습을 보고 "왜 이름이 홀아비지?"라고 말하기도 합니다.

바람꽃과 너도바람꽃, 나도바람꽃 중에서 가장 늦게 꽃이 피는 것이 바람꽃입니다. 초여름 설악산 서북릉에 가면 작은 꽃들이 하얀 구름처럼 여럿이 몽실몽실 모여 핀 모습을 볼 수 있지요. 높은 산 능선에서 하늘을 향해 핀 하얀 꽃은 능선 양쪽에서 사정없이 불어 올라오는 바람을 다 맞서며 삽니다. 그렇게 보기보다 강한 그들은 꽃잎을 가지지 못했습니다. 꽃잎으로 보이는 흰색은 꽃받침조각이지요.

너도바람꽃의 속명 에란티스*Eranthis*는 그리스어로 봄이라는 뜻의 에르*er*와 꽃이라는 뜻의 안토스*anthos*의 합성어이며 이름처럼 이른 봄에 꽃이 핍니다. 역시 꽃이 흰색입니다. 누군가를 유혹하기 위해 제일 적극적인 것은 꽃잎이 아니라 꽃받침입니다. 꽃잎으로 가장한 흰색 꽃받침 안에 진짜 꽃잎이 있지요. Y자 모양으로 생긴 흰색 꽃잎 끝에 노란 꿀샘이 하나씩 달려 있습니다.

나도바람꽃속 에네미온*Enemion*은 그 기원을 찾기가 어렵습니다. 나도바람꽃이 피는 모습을 보면, 윗부분에서 작은 흰 꽃들 여러 개가 모여 달리는데 이 점은 바람꽃과 가장 닮았습니다. 그리고 역시 꽃잎은 없고 흰색의 꽃받침이 꽃잎 역할까지 함께 하지요.

이처럼 '바람꽃'이라는 이름에 접두어가 붙은 식물들도 나도밤나무처럼 그저 이름만 그러할 뿐 속屬이 다릅니다. 이뿐만 아니라 양지꽃, 너도양지꽃, 나도양지꽃도 마찬가지로 모두 그 속屬이 다릅니다. 따라서 '너도'와 '나도'의 접두어는 그저 비슷한 부분이 하나라도 있어서 그런 이름이 붙었을 뿐, 실제로는 가까운 사이가 아닌 경우가 많습니다. 예를 들면, 물봉선을 처음 본 사람 중에 잎이 깻잎을 닮았다고 말하는 경우가 많습니다. 쌈으로 먹는 깻잎은 사실 들깻잎이지요. 들깨는 꿀풀과이고 물봉선은 봉선화과로 서로 아무런 관련이 없는 식물입니다. 그럼에도 '서로 닮았네'라는 생각으로 물봉선의 이름을 '나도들깨'라고 붙였다면 같은 경우가 됩니다.

하지만 재미있는 이름과 그에 얽힌 이야기로 흥미를 돋우어서 식물에 대한 관심과 애정이 깊어 질 수 있다면, 접두어가 '너도'인들 '나도'인들 무슨 상관이 있을까요? 가족이어도 좋고 아니어도 좋을 것입니다. 그저 식물이라는 이유 하나면 차고 넘치지 않을까요?

우산나물·우산제비꽃

비를 막는 우산,
울릉도에 사는 우산

이름 ✿ 우산나물
뜻 ✿ 새순이 돋을 때 우산을 펼치듯 자란다는 뜻입니다.
주 서식 지역 ✿ 숲속 반그늘에 흔하게 자랍니다.
꽃 피는 시기 ✿ 여름(6~7월)

이름 ✿ 우산제비꽃
뜻 ✿ 우산국, 즉 울릉도에 자생하는 제비꽃이라는 뜻입니다.
주 서식 지역 ✿ 울릉도
꽃 피는 시기 ✿ 봄(3~4월)

우리나라 자생식물에는 우산과 관련 있는 식물이 많습니다. 대표적으로 만날 수 있는 식물이 바로 우산나물입니다. 우산나물은 말 그대로 나물로 식용하는 식물이면서 모양이 우산을 닮은 데서 비롯되었습니다. 비 올 때 쓰는 우산을 닮았다는 뜻이지요.

우산나물은 봄에 새순이 움틀 때 온통 털을 뒤집어쓰고 올라옵니다. 올라오는 모양이 맑은 날 우산을 접어놓은 형태입니다. 조금씩 자라면서 우산이 점점 펼쳐지지요. 나중에는 정말 우산을 펼친 것 같은 모양이 됩니다. 그러나 그 우산은 아주 깊이 찢어져 있습니다. 결국 빨간 우산도 아니고 파란 우산도 아니고 찢어진 우산이 되지요. 그 찢어진 우산으로 키가 꽤 크게 자라는 편입니다. 다 자라면 1미터가 훌쩍 넘기도 하니까요. 자라면서 그런 잎이 또 달리는데 두 번째 잎은 첫 번째 잎보다는 작습니다.

우산나물은 국화과로 학명은 시네일레시스 팔마타*Syneilesis palmata*입니다. 속명 시네일레시스는 '합해져 말린 자엽'이란 뜻입니다. 결국 씨앗에서 맨 처음 나온 잎이 한 지점에 비롯되어 아래로 젖혀져 있는 모양을 뜻합니다. 다시 말하면 접어진 우산 모양인 것입니다. 종소명 팔마타는 '손바닥 모양의'라는 라틴어로 손바닥 모양으로 깊게 갈라진 잎 모양을 나타낸다는 것을 알 수 있습니다. 결국 속명과 종소명을 모두 합하면 찢어진 우산 모양이 되는 것이지요. 우산나물은 이렇게 어린 순이 잎을 펼칠 때의 모양을 잘 나타내는 국명과 학명을 가졌습니다. 서로 일맥상통하는 지점이 있는 이름이지요.

대부분 식물 이름에서 우산은 우산나물처럼 식물의 형태가 '雨傘(우산)'과 닮았다는 뜻으로 쓰인 경우가 많습니다. 우산잔디와 우산방동사니가 그렇습니다. 심지어 과명에 우산의 뜻을 품고 있는 경우도 있습니다. 흔히 미나리과라고 불리기도 하는 산형과가 그러합니다.

傘形(산형)과는 우산 모양이라는 뜻입니다. 산형과에 속하는 식물들은 모두 같은 특징을 가지고 있지요. 그 크기와 방법이 조금 다를 수는 있지만 기본적으로 같은 형태입니다. 산형과의 대표적 식물인 미나리를 생각해 보면 쉽습니다. 나물로 많이 먹는 식물이지요. 미나리 나물을 좋아하든 싫어하든 미나리라는 이름을 모르는 사람이 잘 없습니다. 하지만 미나리꽃을 본 사람은 많지 않지요. 미나리는 여름에 흰색 꽃이 피는데 꽃차례가 우산 모양으로 생겼습니다. 일정 지점에서 우산 살이 갈라지는 것처럼 꽃자루가 여러 개로 갈라집니다. 그 갈라진 꽃자루가 다시 작은 꽃자루로 갈라지고, 그 끝에 흰색의 작은 꽃들이 하나씩 달리는데 아주 빽빽하게 모여 달리지요. 큰 우산에 다시 작은 우산이 달린 모습입니다.

그렇다면 우산 모양을 한 식물 중에 우리에게 친근한 식물이 또 없을까요? 있습니다. 봄에 시장에 가면 살 수 있는 '전호'라는 나물이 산형과로 우산살 모양의 꽃자루를 가지고 있습니다. 키가 꽤 크게 자라고 자기네들끼리 모여 사는 성질이 있습니다. 잎이 얇고 자잘한 데다 줄기도 가느다랗습니다. 꽃 피는 시절에 바람 부는 곳에서 만나면 얌전하면서도 고혹적인 매력을 발산합니다. 가늘고 큰 키 덕분입니다. 꽃잎의 크기도 달라서 하나의 꽃을 자세히 들여다보는 재미도 있습니다.

풍을 방지한다는 뜻을 가진 '방풍나물'도 역시 산형과입니다. 그러나 여기서 한 가지 기억해야 할 내용이 있습니다. 나물로 흔히 먹는 방풍나물은 사실 '갯기름나물'이라는 식물입니다. 바닷가에 사는 기름나물이라는 뜻이지요. 당연히 산형과에 속하니 꽃차례가 우산 모양입니다. 진짜 방풍은 우리나라 북부 지방에 일부 자생한다고 알려져 있지만 다른 지역에서는 보기 어렵다고 합니다. 저도 한 번도 본 적이 없습니다. 남쪽에서 자라는 방풍이라는 단어가 들어가는 식물로는 갯방풍이 있는데 산형과에 속하기는 하지만 갯기름나물과는 또 다른 식물입니다. 갯방풍은 주로 바닷가 모래땅에 자랍니다. 이들과 다르게 숲속에서 자라는 향기가 아주 독특하고 뿌리를 약용으로 쓰는 '시호'도 우산 모양의 꽃이 피는 산형과에 속합니다.

다른 의미로 우산이라는 접두어가 들어가는 식물도 있습니다. 1998년에 신종으로 발표된 '우산제비꽃'이 그렇지요. 일반적으로 제비꽃이라 하면 떠오르는 색은 보라색입니다. 그러나 제비꽃 종류들은 꽃의 색이 아주 다양합니다. 보라색, 분홍색, 흰색, 노란색 등 한 단어로 말하기 어려운 혼합된 색들도 많지요. 제비꽃들은 종류도 아주 많습니다. 알려진 것만 해도 수십 종에 달하며 제비꽃과 도감을 따로 펴낼 정도로 다양합니다. 그중 우산제비꽃의 '우산'은 산형과 식물이나 우산나물과는 의미가 다릅니다.

우산제비꽃의 '于山(우산)'은 한자어로 그저 '산'이라는 뜻입니다. 별 뜻 없이 산속에 살아서 그런 이름이 붙었을까요? 그러나 단순한 산이 아닙니다. 바닷속에서 불쑥 솟아오른 산 모양으로 생긴 섬, 바로 '우산국'을 뜻합니다. 우리나라 고대국가 중 하나로 현재의 울릉도를 의미합니다. 그러니까 우산제비꽃은 울릉도에 사는 제비꽃이라는 뜻이지요. 울릉도를 떠나서는 볼 수 없는 식물 중 하나입니다. 우산제비꽃의 학명은 비올라 우산엔시스*Viola woosanensis*입니다. 속명 비올라는 라틴어의 옛 이름으로 제비꽃을 뜻합니다. 종소명의 우산엔시스는 국명과 마찬가지로 우산국을 뜻합니다. 여기서 ensis는 '~로부터'라는 뜻으로 식물의 학명에서 지명을 나타낼 때 쓰는 접미사 중 하나입니다. 비올라 우산엔시스*Viola woosanensis*는 '우산국에 분포하는' 또는 '우산국에 나는' 제비꽃이라는 뜻이지요. 이런 접미사는 흔히 붙습니다.

전라북도 변산에서 발견된 '변산바람꽃'의 종소명 변산엔시스*byunsanensis*가 그렇고, 오대산에서 처음 발견되었다고 하는 '노랑무늬붓꽃'의 종소명 오대산엔시스*odaesanensis*가 그러합니다. 이 외에 출신 나라에다가 ensis가 붙은 경우도 있지요. 잣나무의 코라이엔시스*koraiensis*는 '한국에 분포하는'이라는 뜻이 되겠고 향나무의 차이넨시스*chinensis*는 중국에 분포한다는 뜻입니다.

이 외에도 식물의 종소명에 나라 이름과 지역명이 붙은 경우는 상당히 많은데, 그 지역 특산식물이거나 그 지역에서 처음 발견된 경우가 대부분입니다. ensis 외에도 지명 뒤에 다른 접미사가 붙는 경우도 있습니다.

우산엔시스*woosanensis*라는 종소명을 가진 우산제비꽃은 어떻게 생겼을까요? 우리가 흔히 보는 제비꽃 종류들과 별반 다르지 않습니다. 봄에 꽃이 피는데 땅바닥에서 잎줄기와 꽃줄기가 바로 올라옵니다. 잎은 깊은 초록색이고 가장자리에 불규칙한 톱니가 있습니다. 꽃은 분홍색과 보라색의 중간색입니다. 분홍색보다는 경쾌하고 보라색보다는 화사한 색이지요. 그저 제비꽃으로 뭉뚱그려 불려도 될 만큼 생김새가 그다지 특이하진 않습니다. 그렇다 하더라도 우산국을 뜻하는 이름을 가진 제비꽃이 있다는 것 정도는 알고 있으면 좋겠지요.

이렇게 우산나물과 우산제비꽃처럼 똑같은 단어에 다른 뜻이 담긴 식물들이 가끔 있습니다. 그것을 우리가 다 알기는 어렵습니다. 그 식물들의 형태를 다 알기는 더욱 어렵습니다. 앞서 언급된 산형과 식물은 대체로 다 비슷합니다. 제비꽃과 식물도 마찬가지입니다. 아주 오랫동안 공부하지 않고는 구분하기 어렵습니다. 굳이 구분하지 못하더라도 우산나물을 보면서 비 올 때 쓰는 우산만 생각하지 않고, 우산국을 의미하는 우산제비꽃도 있다는 사실을 함께 떠올릴 수 있다면 그것으로도 충분할 것입니다.

고마리

하나의 식물
여러 개의 이야기

이름 ◦ 고마리
뜻 ◦ 고만 자라거라, 고마운 이 등 다양한 뜻으로 풀이됩니다.
주서식 지역 ◦ 전국의 개울가 등 물가에서 주로 자랍니다.
꽃 피는 시기 ◦ 여름(8~9월)

봄이 오는 것을 환영하는 소리가 있습니다. 개울물 소리입니다. 아직 덜 녹은 얼음 아래로 물이 흐르지요. 얼음 아래 공간에 공명이 생겨 낮은 음이지만 울림이 큽니다. 그 소리는 금세 소란해지고 경쾌해집니다. 어느 순간 세상의 얼음이 다 녹습니다. 기다렸다는 듯이 질척한 도랑이든, 자잘한 돌이 있는 개울이든, 강가든 간에 작은 싹들이 경쟁적으로 올라옵니다. 그중에서 가장 신이 나서 땅을 비집고 올라오는 것이 '고마리'입니다.

고마리라는 이름은 정확한 어원이 알려져 있지 않습니다. 지역에 따라 고만이로 불리기도 하는데 '그만두다'라는 뜻으로 풀이하기도 합니다. 또 요즘 들어서는 수질정화에 탁월한 능력이 있는 것을 이유로 '고마운 풀'이 '고마운 이'를 거쳐 고마리가 되었다는 등, 다양한 이야기가 있습니다. 고마리의 학명은 페르시카리아 툰베르기*Persicaria thunbergii*입니다. 속명 페르시카리아*Persicaria*는 복사나무(복숭아나무)를 닮았다는 뜻입니다. 여뀌속*Persicaria* 중에 복사나무 잎사귀를 닮은 식물에서 유래되었습니다. 그러나 고마리는 복사나무 잎을 닮지는 않았습니다. 종소명 툰베르기*thunbergii*는 스웨덴 식물학자 칼 페테르 툰베리Carl Peter Thunberg의 이름에서 유래되었습니다. 우리나라의 식물 중에서 찔레꽃이나 사철나무를 비롯해서 여러 식물들에 Thunb. 라는 명명자가 보입니다. 그가 바로 칼 페테르 툰베리입니다.

고마리는 한해살이풀입니다. 그래서 해마다 씨앗에서 새로운 싹이 태어나지요. 언제나 한 살입니다. 이 한 살짜리 아기는 자신이 한 살짜리라는 것을 대놓고 뽐내며 태어납니다. 약간 길쭉한 동그라미를 그리며 동글동글 수도 없이 가득하게 떡잎이 올라옵니다. 자신들이 사는 개울가에 누구도 침범하지 못하도록 하려는 의지가 무척 강해 보입니다. 그렇게 희망차게 올라온다고 해서 모두 꽃을 피울 수 있는 것은 아닙니다. 자라는 중에 형제와의 경쟁에서 져서 죽기도 하지요.

서로 마구잡이로 얽혀서 자란 모습을 보면 그저 키가 아담해 보이지만 실제로 줄기를 잡아서 길이를 보면 1미터가 넘기도 합니다. 아랫부분의 줄기는 위로 쭉 자리지 않고 옆으로 눕습니다. 함께 자란 다른 녀석들과 마구 얽혀서 근본인 뿌리가 어디 있는지 찾기 힘들 정도입니다. 그런 고마리 풀숲은 발을 들여놓기가 무섭습니다. 개울을 건너야 논으로 갈 수 있는데 개울가에 가득찬 고마리들 때문에 곤란하게 되지요. 낫이라도 손에 있다면 쓱쓱 베어내면 좋겠지만 그게 아니라면 긴 바지에 장화라도 신고 있어야 안심이 됩니다. 풀숲에 뱀이나 다른 무서운 무언가가 있을지도 모르기 때문이죠. 그런 의미에서 이제 '고만 자라라'는 뜻에서 고마리라는 이름이 붙었다고도 합니다.

한치 틈도 없이 얽혀 자라는 모습을 또 다른 의미로 해석하기도 합니다. 고마리는 가축을 키우는 데 유용했는데 소와 돼지의 먹이로 주로 사용했습니다. 요즘이야 모든 가축에게 영양소가 균형 잡힌 사료를 먹여서 키우지만 예전에는 들에서 꼴을 베어 먹였습니다. 그럴 때 멀지 않은 곳에서 무더기로 자라는 무성한 고마리를 한짐 정도 베는 것은 일도 아니었을 것입니다. 고마리는 마디풀과인데 이 과에 속하는 식물 중에는 매운맛이 나는 경우도 있습니다. 또 며느리밑씻개처럼 억센 가시 때문에 가축의 먹이로 사용하기 꺼려지는 식물도 있습니다. 그에 비하면 고마리는 성격이 순해서 안성맞춤이었겠지요. 그렇게 가축을 먹여 살리는 '고마운 풀'이라는 뜻에서 고마리가 되었다는 이야기도 전해집니다.

　고마리는 물이 없으면 살기 어렵습니다. 물을 아주 좋아해서 가뭄이 심하면 와글와글 모인 모습을 보기가 쉽지 않습니다. 여름으로 갈수록 개울 가장자리를 가득 뒤덮은 고마리는 꽃보다 잎이 먼저 눈에 띕니다. 형태도 특이하지만 표면에 독특한 무늬가 있지요. 진한 초록색 잎사귀에 추사 김정희 선생도 울고 갈 만큼 글씨를 잘 쓰는 누군가가 자신만의 필체를 남겼습니다. 붓에 먹을 잔뜩 묻힌 후 힘차게 쓴 여덟八자 모양이 그것입니다. 저는 이 무늬 때문에 엄마에게서 팔八자꽃이라는 이름을 먼저 배웠습니다. 고마리라는 이름을 안 것은 그보다 훨씬 뒷날의 일이지요. 얼마나 많은 글씨를 밤새 썼을까요? 종이 대신 잎에다 쓴 글씨는 좀 크기도 하고 작기도 하고 연하기도 합니다. 왜 하필 八자인지는 모르겠지만 특이한 잎 모양과 글씨가 참 잘 어울립니다.

　무성한 잎과 줄기 사이에서 또 줄기가 나오고 그 끝에서 꽃이 핍니다. 보통 열 개 이상이 모여 달립니다. 스무 개쯤 달린 꽃은 훨씬 더 예뻐 보입니다. 자잘한 꽃들이 고만고만하게 피어 고만이라고 하던 것이 고마리가 되었다는 설도 있습니다. 고만고만한 꽃들이 모여서 피면 또 희한한 걸 발견할 수 있습니다. 개체마다 꽃 색깔이 다릅니다. 어떤 개체는 꽃 전체가 흰색이고, 어떤 개체는 전체가 분홍색입니다. 또 어떤 꽃은 흰색인데 끝부분에만 진한 분홍색이 선명합니다. 갓 피어난 반투명한 듯한 꽃은 별 같습니다. 별처럼 보이는 그 고운 꽃에는 비밀이 있습니다. 꽃잎이 없다는 것이지요. 꽃잎으로 보이는 것은 꽃받침입니다. 쉿, 곤충들이 알면 곤란합니다. 그들은 꽃잎인 줄 알고 달려드니까요. 곤충은 기꺼이 속아서 씨앗을 만들게끔 돕지요. 씨앗은 그대로 땅에 떨어집니다. 보통 하나씩 떨어지지만 모인 꽃들이 통째로 떨어지는 경우도 많습니다. 얼마나 많은 씨앗이 떨어지는지 다음해 봄이 되면 또 그 개울가는 고마리가 와글거리며 자랍니다. 그런데 이들에게는 비밀이 하나 더 있습니다. 아무도 모르게 꽁꽁 감춰 뒀지요.

어느 해 여름 강원도로 식물탐사를 떠났습니다. 잠시 도로 주변에 차를 세웠습니다. 도로 가장자리로 수확을 마친 감자밭이 있고 농경지 사이에 작은 개울이 흐르고 있었습니다. 그 끝은 얕은 동산으로 이어져 있었지요. 그 동산에 눈길이 닿아서 차를 멈추고 동행한 이와 개울가를 걸어갔지요. 별다른 것을 발견하진 못했습니다. 다시 걸어 나오다가 문득 떠오르는 것이 있었습니다. 개울가에 무성한 고마리, 그들의 숨겨진 비밀을 알고 싶어졌습니다. 개울가로 발을 들이밀었습니다. 두터운 등산화와 한여름에도 반드시 긴 바지를 입고 숲을 찾는 버릇 덕분에 두려움은 없었습니다. 고마리의 줄기 아랫부분을 움켜쥐고 쑥 뽑아 올렸습니다. 그러고는 흙이 잔뜩 묻은 뿌리 사이사이를 자세히 살폈지요. 그들의 비밀스러운 모습 하나를 훔쳐보았습니다. 물에 불린 콩 같은 질감의 작은 것들이 몇 개 달려 있었습니다. 그것은 바로 '폐쇄화'였습니다. 고마리가 땅속에 폐쇄화를 만든다는 것을 어디선가 읽은 적이 있었는데, 그것을 확인하게 된 날이었지요.

'폐쇄화'는 말 그대로 '닫혀있는 꽃'을 뜻합니다. 우리가 흔히 꽃이라고 하는 것은 다 때가 되면 피어납니다. 이런 꽃을 열린 꽃, 즉 개방화라고 부릅니다. 고마리는 개방화와 폐쇄화가 둘 다 있는 식물인 것입니다. 그렇다면 꽃이 닫힌 상태에서 곤충을 만날 수 없는데 어떻게 열매를 맺을까요? 제꽃가루받이로 가능합니다. 꽃이 닫힌 상태에서 암술과 수술이 꽃가루받이를 하고 그대로 씨앗이 되는 것이지요. 개방화는 다른 꽃의 꽃가루를 받아서 수정이 이루어지고 열매를 맺습니다. 폐쇄화는 꽃을 피우는 데 필요한 에너지를 절약할 수 있습니다. 대신 각각의 유전자가 동일하기 때문에 외부 바이러스나 질병에 취약할 수 있습니다. 그런 위험에도 불구하고 식물들은 폐쇄화를 만드는 경우가 생각보다 많습니다.

가장 쉬운 예로는 바로 제비꽃입니다. 많은 제비꽃 종류들이 폐쇄화를 만듭니다. 제비꽃은 땅 위에 폐쇄화 열매가 있지만 고마리는 땅속에 숨기고 있습니다. 그래서 고마리의 폐쇄화는 언제 나타나는지 정확히 알지 못합니다. 사람의 눈에 보이지 않으니까요. 지상에서 반짝거리며 빛나는 별 같은 꽃과는 사뭇 다른 행보를 땅속에서 은밀하게 이어가지요.

할 일을 마치고 나면 뿌리까지 죽는 것은 한해살이풀의 숙명입니다. 햇빛 한 번 본적 없는 땅속 씨앗은, 자신을 달고 있던 뿌리는 시들어 죽을지언정 기어이 살아남아 다음 해 봄에 싹으로 돋을 수 있습니다. 잎과 꽃들이 소나 돼지의 먹이가 되어 하나도 살아남지 못해도 땅속에 숨었던 폐쇄화 씨앗들은 봄이면 다시 한 살로 태어납니다. 꽃이 피어 태어난 수많은 형제들 또는 경쟁자들 속에서 살아남을 확률은 낮을지 몰라도 태어난 이상 최선을 다할 수밖에 없습니다. 고만고만한 형제들 사이에 숨어 있으면 누가 꽃을 피우지 않은 채 돋은 싹인지 알 수 없습니다. 이들은 깜찍하게도 형제들을 속이고 필사적으로 꽃을 피웁니다.

누군가에게는 팔八자꽃으로 불리고, 다른 누군가에게 '걸리

적거리니 고만 자라거라'라며 핀잔을 듣기도 하고, '가축의 먹이가 되어주니 고마운 풀이구나' 인사도 듣고, 수질을 정화해서 깨끗한 물을 하류로 흘려보내는 '고마운 이로구나'라는 칭찬을 듣기도 합니다. 그런 고마리는 봄이면 고만고만한 싹들이 돋고, 팔八자를 진하게 그린 잎을 키워서, 여름이면 또 말갛고 귀여운 별 같은 꽃들이 개울가를 가득 뒤덮습니다. 사람들이 이름을 어떻게 해석하든 전혀 신경 쓰지 않은 채 말이지요.

북한에서 발견되고
일본식 학명을 갖게 된 토종꽃

이름 ▪ 금강초롱꽃

뜻 ▪ 금강산에서 발견된 초롱꽃이란 뜻입니다.

주서식 지역 ▪ 중부지방과 북부지방의 높은 산 숲속이나 능선에 자랍니다.

꽃 피는 시기 ▪ 여름(8~9월)

이름 ▪ 검산초롱꽃

뜻 ▪ 북한의 검산 지역에서 발견된 초롱꽃이란 뜻입니다.

주서식 지역 ▪ 북한의 심산 지역으로 알려져 있습니다.

꽃 피는 시기 ▪ 여름(8~9월)

북한에서 처음 발견되어 이름 붙여진 식물들이 꽤 있습니다. 대표적으로 금강초롱꽃이 그렇습니다. 금강초롱꽃은 미선나무처럼 한국특산식물속으로 금강초롱꽃속입니다. 따라서 이 속에 속하는 모든 종이 한국특산식물이지요. 미선나무처럼 일속 일종은 아닙니다. 일속 이종인데 금강초롱꽃속에는 금강초롱꽃과 검산초롱꽃이 있습니다.

그중 하나인 금강초롱꽃은 아마도 많은 사람이 보면 "아하" 하고 알아볼 것입니다. 이름도 들어본 적이 있을 것이고요. 가끔 매체에 소개되기도 하고 90년대에는 화장품 TV 광고에도 나왔지요. 금강초롱꽃은 꽃이 초롱꽃을 닮았습니다. 늦봄에 피는 미색의 초롱꽃은 비교적 흔하게 자랍니다. 그렇다고 잡초라고 불리는 식물들처럼 자라는 것은 아닙니다. 전국 여기저기 특별할 것 없어 보이는 숲 가장자리나 숲속에서도 볕이 조금 잘 드는 곳에 몇 개체씩 자랍니다. 꽃은 초롱 모양으로 고개를 폭 숙이고 땅을 향해 핍니다. 수줍은 것인지 속내를 보여주기 싫은 것인지는 그들만이 알 테지요. 금강산에서 처음 발견되어 이름 붙여진 금강초롱꽃도 초롱 모양입니다.

금강이라는 이름이 붙었다고 해서 금강산에만 자라지는 않습니다. 우리나라에도 꽤 여러 지역에 걸쳐서 자랍니다. 특히 강원도나 경기도 높은 산에서 볼 수 있지요. 여름에서 가을로 넘어가는 계절에 금강초롱꽃은 꽃을 한창 피웁니다. 설악산은 물론이고 곰배령으로 가는 점봉산 숲속에도 연한 보라색으로 종종 눈에 뜨입니다. 한계령을 차로 넘다 보면 도로 옆 산 쪽으로 간혹 보이기도 합니다. 순간적으로 스쳐 지나가는 먼빛의 금강초롱꽃을 알아보려면 수도 없이 많이 봐와서 눈에 익은 사람만이 가능합니다.

금강초롱꽃은 오묘한 보랏빛입니다. 자생지 환경에 따라서 진한 보라색이기도 하고 연한 보라색이기도 합니다. 주로 볕이 강하게 드는 곳에서는 색이 더 진한 경향이 있습니다. 높은 산 바위틈에 뿌리를 내리고 자라는 경우가 많은데 그런 곳에 자라면 더 환상적인 보라색이고 숲속에서 피는 꽃은 보다 연한 보라색입니다. 자생지에 따라 진하고 연한 정도가 꽤 다양하게 나타납니다.

　금강초롱꽃속의 또 다른 한 종인 검산초롱꽃 역시 북한 함
경도의 검산령이라는 지명에서 유래되었으며 그곳에서 처음
발견되었다고 합니다. 금강초롱꽃속 두 종 모두 북한의 지명에
서 유래된 것이지요.

　금강초롱꽃은 1911년에 검산초롱꽃은 1921년에 명명되
었습니다. 남북이 하나이던 시대, 휴전선이라는 것이 존재하
지 않을 때 명명되었지요. 명명자는 일본인 나카이 다케노신
(1882~1951)입니다. 우리나라 식물 중에는 나카이 다케노신에
의해 명명된 식물이 아주 많습니다. 서양식물분류학이 도입되
기 전 일제강점기에 이 학자에 의해 상당수의 식물이 학명을
얻었지요. 금강초롱꽃속이 대표적 경우입니다. 특히나 이전에
분류된 적이 없던 하나부사야*Hanabusaya*속을 1911년에 금강초
롱꽃을 명명하면서 나카이 다케노신이 신설하였습니다.

　그런데 여기서 우리는 꼭 알아 두어야 할 것이 하나 있습니
다. 애초에 금강초롱꽃은 1909년에 명명되었다는 사실입니다.
이때는 속명이 하나부사야가 아니었습니다. 처음 발견하여 명
명한 사람 역시 나카이지만 그때 학명은 심피안드라 아시아티

카*Symphyandra asiatica*였습니다. 풀이하면 아시아의 심피안드라였지요. 국가표준식물목록에 의하면 심피안드라는 우리나라에 자생하는 종이 없습니다. 그러나 재배식물에는 있지요. 원예종으로 심기도 한다는 뜻입니다. 처음 심피안드라로 명명했다는 것은 이미 이전에 이 속이 다른 종에 의해 분류가 되어 있었다는 뜻입니다. 그런데 2년 후에 하나부사야속을 신설해 이동시켰습니다. 잎이 나는 모양에 근거하여 속 이동을 한 것으로 전해집니다. 근거 없이 그냥 마음에 드는 이름을 새로 정해 속을 옮길 수는 없습니다. 그건 과학이 아니지요. 이후 우리나라를 비롯해 하나부사야 아시아티카*Hanabusaya asiatica*라는 학명을 전 세계가 공통으로 정명으로 쓰고 있습니다. 학명을 제대로 정확하게 표기하자면 뒤에 명명자도 써야 하는데 이 책에서는 가독성을 위해 명명자를 표기하지 않습니다. 하지만 논문이나 보고서 등 객관적인 내용을 담는 경우, 처음 한 번은 반드시 명명자를 포함한 전체 학명을 기재해야 합니다.

금강초롱꽃의 전체 학명은 '하나부사야 아시아티카 (나카이) 나카이*Hanabusaya asiatica* (Nakai) Nakai'입니다. 사실 이 학명 한 줄 만으로도 처음 명명될 때 학명이 지금과는 달랐다는 것을 알 수 있습니다. '(Nakai) Nakai' 바로 이 부분으로요. 나카이의 이름이 반복적으로 들어가 있습니다. 괄호 안에 한 번, 괄호 밖에 또 한

번 기재되었지요.

학명을 명명할 때는 이명법에 의하고 명명자에 대한 규칙도 있습니다. 그것을 알면 명명자들의 관계를 쉽게 알 수 있습니다. 여기서는 괄호가 중요한 역할을 합니다. 괄호 안 이름은 현재 식물을 이전에 먼저 명명했던 사람, 괄호 밖 이름은 현재 통용되는 학명을 명명한 사람의 이름입니다. 따라서 애초에 금강초롱꽃을 처음으로 나카이가 명명했고, 이후 다시 나카이가 학명을 재조합했다는 사실을 알 수 있습니다. 자신이 명명한 식물을 다시 명명한 것이지요. 저는 처음 명명했을 때의 속명과 그 연도가 궁금했습니다. 그래서 알아봤더니 앞에서 언급했듯이 심피안드라*Symphyandra*는 1909년에, 하나부사야*Hanabusaya*는 1911년이었습니다. 현재 정명인 하나부사야는 사람의 이름입니다. 나카이가 한국 식물을 채집하고 연구하는 데 도움을 준 당시 조선총독부 초대 공사였던 외교관 하나부사 요시모토를 기리기 위하여 붙인 속명입니다. 이로써 한국특산식물속인 금강초롱꽃속이 '하나부사야'라는 일본인의 이름으로 현재까지 정명으로 쓰이고 있습니다. 우리나라의 입장에서는 안타까운 일이 아닐 수 없습니다. 그렇다면 기분이 나쁘다는 이유로 바꿀 수 있을까요? 그럴 수 없습니다. 그저 다른 예명으로 부를 수는 있지만 학명을 임의대로 바꿀 수는 없거든요.

북한식물도감 조선식물지에 의하면 북한에서는 1976년부터 금강사니아*Keumkangsania*를 금강초롱꽃속 속명으로 사용하고 있다고 합니다. 우리로서는 이 이름이 더 타당하다고 여겨집니다. 금강산에서 처음 발견된 한국특산식물속 식물이니까요. 그러나 공식적으로는 정명으로 인정받지 못하고 있습니다. 먼저 명명된 이름이 우선한다는 선취권 때문이기도 하며, 속명에 대한 근거가 명확하지 않기 때문이기도 할 것입니다.

금강초롱꽃속에 속한 또 하나의 종, 검산초롱꽃은 현재 북한에만 자생한다고 알려져 있습니다. 검산초롱꽃의 학명은 '하나부사야 라티세팔라*Hanabusaya latisepala*'입니다. 역시 북한에서는 '금강사니아*Keumkangsania*'로 쓰고 있습니다. 종소명 라티세팔라는 '넓은 꽃받침의'라는 뜻으로 금강초롱꽃에 비해 꽃받침 조각들이 넓다는 것을 의미합니다.

가끔 인터넷상에 '혹시 이게 검산초롱꽃 아니냐'며 꽃받침이 약간 넓은 사진이 올라오는 경우가 있습니다. 검산초롱꽃이 남한에도 자생하는지 의문이 생겼습니다. 검산초롱꽃이라고 언급한 다양한 사진들을 검색해 보았지만 금강초롱꽃과 크게 다르다는 느낌을 받지 못했어요. 그저 개체에 따라 있을 수 있는 약간의 차이 정도랄까요. 식물은 자생지 환경에 따라서 꽃

색이 어느 정도 차이가 있을 수 있고, 해발고도에 따라서 키도 달라지고, 같은 개체 내에서 잎의 크기도 위치에 따라 상당한 차이를 보입니다. 느낌만으로 단정할 수는 없는 노릇이지요. 그래서 존재하고 있을지 모르는 검산초롱꽃의 표본을 추적하기 시작했습니다.

국립수목원에 표본이 있을지도 모른다고 기대했지만, 결국 소장하고 있는 표본은 없는 것으로 확인되었습니다. 서울대학교 표본관 및 다른 대학의 표본관에 몇 점이 소장되어 있다는 것은 확인했지만, 연고가 없는 이유로 열람은 불가능하다는 것을 예상할 수 있었습니다. 할 수 없이 식물도감을 참고하기로 했고 북한도감의 내용을 살펴보게 되었습니다.

2001년에 발행된 북한도감 조선식물지 7권에 의하면 "꽃 색은 푸른 보라색 또는 흰색"이라고 기재되어 있었습니다. 금강초롱꽃과 마찬가지로 색의 강약이 개체마다 약간의 차이가 있는 것으로 추정할 수 있습니다. 검산초롱꽃은 "꽃받침은 버들잎 모양(길이 7~14cm, 너비 3~5mm)이며 변두리는 고르지 못한 큰톱이 모양이다"라고 설명되어 있습니다. 여기서 길이를 표시한 단위 cm는 mm의 오자로 보입니다. 꽃의 길이를 3~4.5cm라고 했으니 꽃받침이 꽃보다 몇 배나 클 수는 없지요. 그에 비해 금강초롱꽃은 "꽃받침이 버들잎 모양(길이 5~7mm, 너비

1~2mm)인데 끝은 뾰족하고 변두리가 매끈하거나 드물게 잔톱
이 모양이다"라는 내용이 있습니다. 비록 밀리미터라는 작은
단위지만 두 식물의 꽃받침 넓이는 두 배 이상 차이가 납니다.
이 정도면 작지 않은 차이로 육안으로 보았을 때 확연히 다르
다는 걸 알 수 있을 것입니다. 결국 각종 인터넷 사이트에 올라
온 검산초롱꽃으로 의심이 될 만한 사진들은 금강초롱꽃으로
볼 수 있습니다.

금강초롱꽃속은 한국특산식물속이면서 속명이 하나부사
야*Hanabusaya*로 일본인의 이름이고, 한 종은 남북한에 모두 자생
하고 한 종은 북한에만 자생합니다. 일제강점기의 애통함과 분
단된 나라의 슬픔을 이렇듯 식물에서도 느낄 수 있습니다.

오래전부터 절친한 사람들과의 만남에서 공공연하게 이런
말을 해왔습니다. 우리나라가 평화통일을 앞두게 된다면 아
마도 사전 작업이 많을 것이라고요. 그때 혹시 자생식물 이름
을 통일하기 위해 남북이 합동으로 조사를 하게 된다면, 만사
를 다 제치고라도 그 조사팀에 합류하고 말 거라고 말이죠. 그
런 날이 온다면 수단과 방법을 가리지 않겠다고 했었습니다.
그 마음은 지금도 마찬가지입니다. 북한의 지명에서 이름이 유
래된 두 식물을 그 고향에서 보고 싶은 마음이 지금도 여전합

니다. 금강산에서 금강초롱꽃을, 검산령에서는 높은 산 구름 속에서도 보일법한 푸른 보랏빛이 생생한 검산초롱꽃을 볼 수 있기를 희망합니다.

창포·꽃창포

이름은 비슷하지만
소속은 완전히 달라요

이름 ◦ 창포

뜻 ◦ 한자명 창포菖蒲에서 유래되었다고 합니다.

주서식 지역 ◦ 볕이 잘 드는 물가나 습지에서 자랍니다.

꽃 피는 시기 ◦ 봄(4~5월)

이름 ◦ 꽃창포

뜻 ◦ 꽃이 아름다운 창포라는 뜻입니다.

주서식 지역 ◦ 산지 습지의 볕이 잘 드는 곳에 자랍니다.

꽃 피는 시기 ◦ 초여름(6~7월)

이름만 비슷할 뿐 서로 판이한 식물들이 꽤 많습니다. 여기서 판이하다는 것은 식물의 집안인 '과科'와 '속屬'이 다르다는 것입니다. 그중 대표적인 것이 창포와 꽃창포이지요. 이들은 둘 다 아주 익숙하고 비슷한 이름이지만 소속은 같지 않습니다. 창포는 천남성과 창포속, 꽃창포는 붓꽃과 붓꽃속으로 서로 완전히 다른 소속을 가졌지요.

창포는 단옷날 머리를 감을 때 사용한다는 이야기로 널리 알려져 있습니다. 창포는 이른 봄 물가에서 초록색 칼이 땅에서 솟는 것처럼 돋아납니다. 조선시대 무기 중 창포검이란 칼이 있는데 칼날이 창포 잎을 닮아서 그렇게 불렀다고 합니다. 칼날처럼 가늘고 길게 자라는 창포 잎을 잘라 향기를 맡으면 왜 이것을 머리 감고 목욕하는 데 사용했는지 이해가 갑니다.

그 향이 지나치게 강하지 않고 매력적으로 그윽하거든요. 잎과 비슷하게 생긴 꽃대에서 옆으로 삐죽 뻗은 작은 새끼손가락 같은 것이 나오는데 그것이 꽃입니다. 작은 꽃들이 다닥다닥 빈틈없이 잔뜩 붙어 있지만 모양이나 색이 이목을 끌진 못합니다. 창포는 꽃보다 잎과 향기가 아름다운 식물이지요. 단오 즈음 초여름에 잎은 거의 다 자랍니다.

창포菖蒲는 한자 이름으로 창포 창菖에 부들 포蒲를 씁니다. 또 포蒲는 부들뿐만 아니라 왕골 등의 뜻으로도 쓰입니다. 이것을 보면 물가에서 자라고 잎이 긴 다양한 식물들을 아우르는 뜻일 수도 있겠습니다.

창포의 학명은 아코루스 칼라무스Acorus calamus입니다. 속명 아코루스는 그리스어로 합성어입니다. 부정을 뜻하는 접두어 '아a'와 장식을 뜻하는 '코로스coros'가 합해졌습니다. 꽃이 예쁘지 않아서 장식에 사용하기 부적합하다는 뜻입니다. 그렇지만 요즘은 식물의 잎도 관상 가치가 높습니다. 관엽식물이라고 해서 잎을 즐기기 위해 키우는 식물도 많지요. 창포는 인공연못 주변에 빠지지 않고 식재하고 동양적인 꽃꽂이에도 기다란 잎을 사용합니다. 요즘 발견되었다면 아코루스 대신 다른 속명이 정해지지 않았을까요. 그러나 창포는 18세기 중반에 학명이 명명되었습니다. 종소명 칼라무스는 피리를 뜻하는 '관簧의'라는 뜻입니다. 관악기의 '관' 자와 같습니다.

꽃창포는 창포에 비해 꽃이 아름답다 해서 붙은 이름입니다. 잎은 창포를 닮았는데 꽃이 유난히 아름다우니 아마도 두 식물이 비교가 됐겠지요. 꽃창포도 창포와 마찬가지로 물을 좋아해 물가에서 주로 자랍니다. 키가 어린아이만 하고 잎은 역시 칼날 같습니다. 창포와 더불어 도시공원 연못가에 많이 심습니다. 다양한 아이리스와 함께 있는 경우가 많은데 꽃창포도 아이리스 중의 하나입니다. 꽃창포의 학명은 아이리스 엔사타 *Iris ensata*입니다. 아이리스라는 속명은 익숙한 이름이지요. 붓꽃 속의 모든 식물을 통칭하여 아이리스라고 합니다. 이리스라고 하기도 하지만 꽃을 지칭할 때는 주로 아이리스라고 합니다. 아이리스는 그리스신화 속에서 신들의 명령을 전하는 신의 이름이며 무지개라는 뜻이 있다고 합니다.

아이리스는 어느 하나 빠짐없이 꽃이 아름다워서 세계적으로 사람들의 사랑을 많이 받아 왔습니다. 그래서 주변에 식재된 경우가 아주 많지요. 수목원이나 사설 식물원을 비롯해 가까운 근린공원이나 아파트 화단에서도 쉽게 만나집니다.

그렇다면 산에는 아이리스가 없을까요? 우리나라 자생식

물 중에도 아이리스가 여러 종 있습니다. 각시처럼 곱고 키가 작은 보라색 각시붓꽃이 있고, 샛노란 꽃을 피우는 금붓꽃과 노랑붓꽃이 있습니다. 하얀 꽃에 노란 무늬를 가진 노랑무늬붓꽃도 있고, 바닷가에 가면 잎이 타래처럼 꼬이는 타래붓꽃도 있지요. 볕이 잘 들고 물을 가까이에 둔 풀밭에는 붓꽃이 무리지어 자라고, 산중 습지에서 간간이 꽃창포도 만나집니다.

다양한 종류의 아이리스는 우리나라 숲에도 많습니다. 그 중에서 꽃창포가 유난히 키가 크고 꽃도 큼지막합니다. 진한 보라색의 넓적한 외꽃덮이(외화피, 통상적으로 꽃잎이라고 부르기도 함) 세 장이 바람에 나풀거리는 보드라운 프릴처럼 아래로 드리워져 있지요. 그 윗부분에 꼬리처럼 끝이 프릴 가운데로 가늘게 늘어진 노란 무늬가 있습니다. 그 무늬가 꽃창포의 특징입니다. 프릴 사이사이로 위로 솟은 작은 내꽃덮이(내화피)가 있고, 노란 무늬를 살짝 덮은 꽃술이 있습니다. 외꽃덮이, 내꽃덮이라는 용어가 참 어려운데 식물 중에는 꽃잎과 꽃받침을 구분하기 어려운 종이 있습니다. 어떤 식물들은 꽃잎이 아예 없는 경우도 있고, 꽃받침이 꽃잎처럼 생겨서 곤충을 유인하는 역할을 대신하는 경우도 있습니다. 꽃잎과 꽃받침의 구분이 모호한 경우는 둘 다 화사한 색을 가지고 있을 때가 대부분입니다. 대표적으로 붓꽃속이 그렇습니다. 이럴 때 둘을 함께 지칭하는 말로 화피라는 용어를 사용합니다. 안쪽에 자리한 것을 내화피, 바깥쪽에 자리한 것을 외화피라고 흔하게 부르지요. 요즘은 한자어보다는 우리말 용어를 사용하자는 의견이 많아서 화피 대신 꽃덮이로 사용하는 경우가 늘어갑니다.

꽃창포의 종소명은 이렇게 어렵게 설명할 필요가 없는, 직관적인 이름을 가졌습니다. 엔사타*ensata*는 '칼 모양의'라는 뜻으로 칼날처럼 날카롭고 긴 잎을 나타냅니다. 잎이 창포와 아주 유사해 꽃이 피기 전에는 헷갈리기 십상입니다. 오죽하면 이름이 '꽃이 아름다운 창포'일까요. 그만큼 잎이 서로 닮았다는 뜻입니다. 꽃창포는 다른 아이리스에 비해서 아주 흔한 편은 아니지만 산중 습지에서 종종 만나집니다. 요즘은 관상용으로 심은 곳이 많아서 가까운 곳에서도 만나기 쉽습니다.

꽃창포와 이름이 같은 갈래인 식물이 있습니다. 꽃이 노란색이라서 노랑꽃창포라고 불리는데 우리나라에는 자생하지 않는 식물이며 모두 식재한 것입니다. 식재 식물로 인기가 많아 인공연못이 있다면 어김없이 노랑꽃창포가 있습니다.

꽃창포와 생김이 아주 비슷하고 색깔도 비슷한 식물이 있습니다. 둘이 서로 헷갈려서 이름표가 잘못 붙은 곳이 더러 있고, 사진에도 이름을 잘못 적어놓은 데가 있기도 합니다. 그만큼 잎도 꽃도 키도 비슷하며 물속에 뿌리를 내리고 사는 것도 비슷합니다. 그 이름은 바로 '제비붓꽃'입니다. 제비붓꽃도 꽃 창포와 마찬가지로 습지를 좋아하고, 외꽃덮이 윗부분에 노란 색이 아닌 흰색 무늬가 있는데 꽃창포의 무늬보다 훨씬 가늘 고 깁니다. 그 무늬의 날렵함이 물찬 제비 같아서 제비붓꽃이 라 이름 붙였다는 이야기도 있습니다. 멀리서 보면 무늬 부분 이 잘 보이지 않기 때문에 꽃창포와 구분이 참 어렵습니다. 그 러나 꽃창포와 제비붓꽃은 그 색이 다릅니다. 꽃창포는 붉은 기운이 도는 보라색이며 제비붓꽃은 파란 기운이 돌아서 더 차가운 보라색입니다.

단옷날 머리를 감던 향기 나는 식물 창포는 '천남성과'에 속 합니다. 꽃이 아름답고 잎이 창포를 닮은 꽃창포는 '붓꽃과'에 속합니다. 이름이 비슷하고 잎도 서로 닮았지만 유연관계는 먼 식물입니다. 하지만 둘 다 사람들에게 아름다운 경험을 주는 것은 같습니다.

창포는 향기를 즐길 수 있습니다. 그 어떤 향수도 창포 향기 를 따라오기 힘듭니다. 창포는 잎을 위해 주로 심고 있지요. 창 포 잎은 연못을 푸릇하게 꾸며주기도 하고 주변을 향기롭게 합니다. 꽃꽂이를 할 때는 다른 꽃이 돋보일 수 있도록 든든한

배경이 되어 주기도 합니다.

꽃창포를 비롯한 붓꽃속 식물들은 어여쁜 꽃을 보여줍니다. 붓꽃속은 예쁜 자태 때문에 수많은 품종이 개량되었고 전세계 사람들이 그 꽃을 사랑하지요.

창포나 꽃창포는 알까요? 전혀 상관없는 자신들에게 사람들이 비슷한 이름을 지어주고, 향기를 맡고 꽃을 감상하며 즐거워하는 것을요. 분명 모르겠지요. 인간이 할 일은 이 식물들이 자기 모습을 잘 지키며 살도록 배려하고 아끼는 것뿐인지도 모릅니다. 지금처럼 변함없이 말이지요.

다래·개다래·쥐다래

'개'와 '쥐'가 붙으면
정말 열등할까?

이름 • 다래
뜻 • '달다'라는 뜻에서 유래되었습니다.
주 서식 지역 • 전국 산지에서 자랍니다.
꽃 피는 시기 • 초여름(5~6월)

"살어리 살어리랏다 청산애 살어리랏다 멀위랑 ᄃ래랑 먹고 청산애 살어리랏다"

〈청산별곡〉의 시작 부분입니다. 청산별곡을 다 외우지는 못해도 이 부분만은 기억하는 사람들이 많지요. 저도 그중 한 사람입니다. 여기에 등장하는 식물, 머루랑 다래. 그중 다래는 참 재밌는 식물입니다.

다래나무과 다래나무속에는 몇 안 되는 우리나라 자생종이 있습니다. 익히기 어렵지 않은 식물이지요. 다래, 개다래, 쥐다래 그리고 섬다래 네 종뿐입니다. 그렇다면 흔히 참다래라고 부르는 식물은 무엇일까요? 접두어 '참'이 붙어서 먹을 수 있다는 것을 짐작할 수 있는데, 참다래는 다래의 이명이기도 하고

양다래의 이명이기도 합니다. 양다래는 키위를 말합니다. 다래는 우리나라 야생 키위라 할 수 있습니다. 다래나무속은 모두 덩굴나무로 무언가를 감을 수 있는 능력이 있지요. 다래의 속명은 악티니디아*Actinidia*입니다. 그 뜻은 그리스어 악티스aktis 또는 악틴aktin에서 유래한 것이라고 합니다. 방사선 또는 광선이란 뜻으로, 다래나무속의 암술머리 모양이 한 지점에서 빛이 사방으로 퍼지는 방사상 형태입니다. 쉽게 말하면 암술머리의 모양이 '*'처럼 생겼습니다. 밤하늘에 별을 그리라고 하면 이런 형태로 그리는 경우가 흔하지요. 물론 중앙에서 사방으로 뻗은 개수는 훨씬 많습니다.

이들 중에 내륙지방에서 흔하게 볼 수 있는 것은 다래, 개다래, 쥐다래 세 종입니다. 섬다래는 거문도와 제주도를 비롯한 남부 섬 지방에 아주 드물게 자라지요. 그래서 우리는 섬다래를 볼 일이 잘 없습니다. 내륙의 중부지방에서 나머지 세 종은 흔하게 만나집니다. 그런데 공교롭게도 두 종은 다래에 '개'와 '쥐'라는 접두어가 붙었습니다. '개'나 '쥐'는 기본보다 못할 때 주로 붙는 접두어입니다. 개다래나 쥐다래가 다래보다 못하다는 뜻이지요.

다래는 '달다'라는 뜻을 가졌습니다. 개다래나 쥐다래는 이름만으로도 달지 않겠구나 느낄 수 있지요. 쥐다래의 잘 익은 열매는 맛이 좀 없는 정도지만 개다래는 열매를 먹으면 매운 맛이 나면서 혀가 아리기도 합니다. 맛은 주관적이기 때문에 사람마다 조금 다르게 느낄 수 있습니다. 그러나 한 가지 확실한 것은 달콤한 다래의 맛에는 둘 다 비견될 수 없다는 것입니다. 다래는 키위와 맛이 거의 같습니다. 우리나라 야생 키위라고 생각하면 쉽습니다. 굳이 먹어보지 않아도 열매 모양으로 이들을 구분할 수 있고요.

다래는 거의 둥근 형태이며, 다 익으면 저절로 땅에 떨어지는데 그때까지 초록색을 유지합니다. 땅에 떨어진 열매를 주워 먹는 것이 더 맛있습니다. 나무에서 딴 열매들은 약간의 후숙 시간을 거쳐서 말랑해지면 더욱 단맛이 강해집니다. 개다래나 쥐다래는 열매의 모양이 길쭉하고 다 익으면 누런색을 띕니다. 개다래는 끝이 뾰족하고 쥐다래는 그렇지 않습니다. 민간에서 개다래의 열매를 약용으로 사용하기도 합니다. 요즘 개다래 열매를 검색하면 제대로 성숙한 열매와는 다른 울퉁불퉁하게 생긴 열매들이 많이 보입니다. 이는 정상적인 열매가 아니라 충영입니다. '충영'이란 곤충이나 진드기 등의 기생이나 산란으로 자극을 받아 식물의 조직이 비정상적인 혹 모양으로 발육한 것을 말합니다. 그 개다래 충영을 약재로 광고하는 경우가 더러 있습니다. 이렇게 곤충으로 인한 충영을 약재로 쓰는 경우는 또 있습니다. 붉나무의 잎에 달리는 '오배자'가 그 대표적인 예이지요. 약재의 유무나 효능과는 상관없이 울퉁불퉁한 그것이 개다래의 정상적인 열매는 아니라는 것을 기억할 필요가 있습니다.

그렇다면 다래와 쥐다래, 개다래를 꽃으로 구분하기는 어려울까요? 이들의 꽃은 모두 초여름에 피며 잎겨드랑이(줄기와 잎자루 사이)에 달립니다. 땅을 향해 아래로 피고 흔히 흰색이라고 표현하지만 완전한 순백색은 아닙니다. 속명의 뜻(방사선 또는 광선)에서 언급한 것처럼 암술은 여러 개가 방사상으로 퍼집니다. 여기까지는 같습니다. 그러나 수술의 색깔이 다릅니다.

다래는 수술이 검정색이고 개다래와 쥐다래는 노란색입니다. 그런데 꽃술을 확인하려면 줄기를 들춰봐야 합니다. 그저 먼빛으로는 꽃을 보기가 어렵고 바로 앞에 서 있어도 꽃을 찾기 어렵습니다. 이들은 향기도 가졌지만 그 향기조차 꽃과 함께 감춰져 있습니다. 곤충을 이용해 꽃가루받이를 하는 식물임에도 꽃피는 시기에 곤충을 유인할 만한 매력이 줄기와 잎 아래에 모두 감춰져 있는 셈이지요.

다래는 큰 나무를 아주 높이 감고 올라가는 능력이 탁월합니다. 그러나 같은 덩굴성 나무라 할지라도 개다래와 쥐다래는 높이 올라가는 능력이 좀 부족합니다. 그래서 볕이 조금이라도 더 잘 드는 곳을 찾아 숲 가장자리 쪽에 있지요. 그렇게 생존에 필수적인 햇빛은 확보했다 하더라도 또 하나의 약점이 남았습니다. 곤충이 찾아들기 어려운 불리한 상황이 그것이지요. 그들은 그 상황을 꼭 극복해야만 했습니다. 꽃을 볼 수 있는 거리, 향기를 맡을 수 있는 거리까지라도 곤충을 불러 모아야 했지요. 그래서 개다래와 쥐다래는 아주 획기적인 전략을 씁니다. 잎의 색을 바꾸는 것이지요.

개다래는 꽃이 피는 동안 곤충을 유인하기 위해 잎의 일부를 흰색으로 바꿉니다. 처음부터 흰색으로 태어나는 것이 아니라 꽃피는 시기가 되면 흰색으로 바꿉니다. 줄기 끝부분의 잎들이 주로 바뀌는데, 광택이 나며 빛을 반사할 정도로 눈이 부십니다. 멀리서 보면 아주 화사한 흰 꽃들이 잔뜩 핀 것처럼 보이지요.

그럼 쥐다래는 무슨 색으로 잎을 바꿀까요? 바로 분홍색입니다. 잎에 따라 분홍색만 있는 경우도 있고, 분홍색과 흰색이 그라데이션되는 경우도 있습니다. 멀리서 보면 말할 수 없이 아름답고 유혹적인 색깔이 펼쳐집니다. 세상 그 어떤 꽃보다 황홀한 빛깔을 온 힘을 다해 발산합니다. 누가요? 꽃이 아니라 잎이요. 사람도 유혹당할 그 빛깔에 곤충인들 유혹당하지 않을 재간이 없겠지요. 잎을 꽃으로 오인하여 달려든 곤충들은 드디어 꽃을 발견하게 됩니다. 달콤한 향기가 가득한 그 꽃에서 필요한 것을 취하면서 꽃이 원하는 일을 하게 되지요.

개다래와 쥐다래 잎의 변신은 그다지 멀리 있지 않습니다. 초여름에 숲과 맞닿은 지방도로를 달리다 보면, 유난히 광택이 나는 흰색이나 분홍색을 종종 만날 수 있습니다. 그러나 대부분의 사람들은 그저 꽃이라고 생각하기 쉽습니다. 많은 나무가 꽃을 피우는 계절에 그 빛깔이 꽃이 아니라 잎이라고 상상하긴 어려우니까요. 더구나 사람은 '나뭇잎은 초록색이다'라는 관념이 아주 오랫동안 머릿속에 새겨져 있습니다.

세상의 여러 존재에게 착각을 불러일으키기 위해 개다래와 쥐다래는 잎의 역할인 광합성을 일정 기간 일부 포기합니다. 그렇다고 영 포기하는 것은 아닙니다. 꽃이 지면 변신을 감행했던 잎들은 아주 느린 속도로 본연의 초록색으로 돌아가니까요. 그러나 꽤 오랫동안 그 흔적은 남아 있습니다. 열매가 익을 때도 아직 본래의 색으로 다 돌아가지 못하고 변신의 흔적이 남은 잎들을 만날 수 있지요.

'개'와 '쥐'라는 접두어는 맛이 못하다는 열등의 표식으로 사람이 붙였습니다. 그러나 그들에게는 열등감이 아닐 수 있습니다. 오히려 자신감이며 높은 자존감일 수 있지요. 개다래와 쥐다래는 숨어 있는 꽃을 위해 자신의 고유한 능력을 다른 나무들은 상상도 못 할 방법으로 펼칩니다. 인간에게는 열등해 보이는 존재라도 다양한 능력을 가진 생명들이 세상에 많을 것입니다. 이름만으로 그 존재들이 열등하다는 생각은 사람의 착각일 수 있습니다. 외모만으로 열등한 존재라는 생각 또한 나의 착각일 수 있습니다. 그들이 가진 재능과 능력을 내가 다 알지 못한다는 사실을 항상 마음에 새겨야겠습니다. 더불어 나에게도 숨겨진 무언가가 있을지 한 번 더 생각하게 됩니다. 초여름 날 흰색의 개다래 잎과 분홍색 쥐다래 잎을 황홀한 눈빛으로 바라보며 말이죠.

이팝나무·조팝나무

풍년을 기원하는
농부의 염원

이름 ◦ 이팝나무
뜻 ◦ 꽃 필 때 모습이 고봉으로 담은 하얀 쌀밥 같아서
주 서식 지역 ◦ 중부 이남이었으나 요즘은 중부지방의 가로
수로 식재되어 있습니다.
꽃 피는 시기 ◦ 봄(5월)

이름 ◦ 조팝나무
뜻 ◦ 뭉쳐서 자라는 꽃들이 좁쌀밥 같아서
주 서식 지역 ◦ 전국 각지의 양지바른 곳에 자랍니다.
꽃 피는 시기 ◦ 봄(4월)

밥에 대한 추억이랄지 낭만이랄지 그런 것들을 기억하시나
요? 먹을 것이 넘쳐나고 AI가 확장되는 이 시기에 고리타분하
고 케케묵은 이야기일 수 있습니다. 그러나 그게 불과 몇십 년
전의 이야기라는 것을 우리는 알고 있지요. 우리나라는 매우
빠르게 성장했습니다. 수십 년 전의 참혹한 기억을 가진 사람
들은 시대의 변화를 따라오기 버거워합니다. 자고 일어나면 변
한다는 현시대를 저도 따라가기 버거울 때가 많습니다.

　요즘 청춘들은 밥보다 햄버거나 샌드위치 같은 서양식 패
스트푸드를 선호합니다. 햄버거가 어떤 것인지 아예 모르던 밥
의 시절은 어땠을까요? 그 밥의 시대를 낭만으로 껴안고 사는
나무가 있습니다.

　지금은 학교에서 급식을 제공하지만 제가 어릴 땐 도시락

이었지요. 오전 수업만 하던 초등학교 일학년 때부터 늘 도시락을 싸 다녀야 했습니다. 학교가 너무 멀었거든요. 학교 한쪽에는 느티나무가 많은 숲이 있었고, 우리는 그 숲에 만들어진 야외 교실을 인간 교실이라고 불렀습니다. 거기서 도시락을 먹곤 했지요. 그러고는 빈 도시락을 짊어지고 4킬로미터를 걸어서 집으로 가야 했습니다. 빈 도시락통 안에서 수저와 젓가락이 딸각거리는 소리에 발맞춰 뛰기도 했고 놀이도 하면서 먼 길을 매일 걸었습니다.

학교 숲에서 출발해서 아랫마을까지 오면 작은 숲을 또 하나 만날 수 있었습니다. 그 숲에는 느티나무와 왕버들이 몇 그루 있었고 그 어른 나무 사이에 아직은 청년인 나무가 한그루 있지요. 그 나무는 5월로 접어들면 흰 꽃을 가득 피웠습니다. 둥근 모양의 나무는 틈도 없이 꽃을 피웠는데 뭉게구름 같기도 했고 솜사탕 같기도 했습니다. 그 나무가 바로 밥의 시대를 낭만으로 껴안은 이팝나무입니다. 그 이팝나무는 더 크고 더 둥글어지고 더 많은 꽃을 지금도 여전히 피우고 있습니다.

이팝나무

이팝나무는 꽃 필 때의 모습이 고봉으로 담은 쌀밥 같아서 붙여진 이름입니다. 이밥나무가 이팝나무가 되었다는 것이죠. 이밥은 이 씨의 밥이라는 것에서 유래되었다고도 합니다. 조선왕조 이 씨의 혜택을 받아야만 먹을 수 있는 밥이라는 이야기가 전해집니다. 그만큼 하얀 꽃이 귀하게 가득히 핍니다. 또 24절기 중 하나인 입하 즈음하여 꽃이 핀다고 입하나무라고 부르던 이름이 이팝나무가 되었다는 설도 있습니다. 이 또한 틀린 말은 아닙니다.

이밥나무와 입하나무, 어느 이름이 먼저였는지는 몰라도 이팝나무는 꽃이 입하 즈음 핍니다. 물론 지역에 따라 다를 수 있지만 큰 나무가 많은 남부지방은 보통 그때 꽃이 핍니다. 어릴 적 학굣길에 늘 만나던 이팝나무도 항상 5월 5일 어린이날에서 5월 8일 어버이날 즈음에 만개했지요. 어버이날이 지나면 꽃이 흰색에서 아주 미세하게 누런색이 섞이는 것을 느낄 수 있습니다. 딱 입하 전후하여 며칠 동안 거짓말같이 만개하여 절정을 이루지요. 푸릇푸릇한 봄에 아름드리로 크고 둥글게 자라서 흰 꽃이 빽빽한 나무, 왠지 그림에나 나올법합니다.

이팝나무는 해마다 꽃을 피우지만 해마다 그 꽃의 양이 좀 다릅니다. 어떤 해에는 유난히 희고 빽빽하지만, 어떤 해에는 꽃들 사이로 푸른 잎사귀도 보입니다. 그만큼 꽃의 개수가 적다는 뜻이지요. 꽃이 많으면 쌀농사가 풍년이 들고 꽃이 적으면 흉년이 든다는 말이 전해져옵니다. 아마도 꽃이 많으면 쌀밥이 더 많아 보였기 때문일 것입니다. 아니면 이팝나무에 꽃을 많이 피게 하는 기후가 벼를 자라게 하는 데 유리할 수 있습니다.

이팝나무는 물이 풍부해야 잘 자라고 꽃을 많이 피웁니다. 이팝나무가 꽃을 피우는 시기는 파종한 벼들이 자라는 시기이며 벼의 모들은 물이 충분한 논에 뿌리를 내리고 자라야 합니다. 건조하면 어린 벼가 제대로 자라지 못하게 되니까요. 못자리에 물을 대기 위해 이웃끼리 다툼이 일어나기도 했지요. 그만큼 물이 굉장히 중요한 시기입니다. 또 꽃이 가득한 나무를 바라보며 풍년을 기원하는 마음이 더해졌을 것입니다. 벼들이 잘 자라서 저 나무처럼 쌀밥을 가득 퍼 담을 수 있기를 바라는 마음이었겠지요. 그렇게 밥의 시대에는 나무에 가득 핀 꽃을 보고도 밥을 생각했습니다.

큰 이팝나무는 주로 남부지방에 많습니다. 오래된 마을 숲에서 큰 나무들을 주로 볼 수 있지요. 이팝나무는 세계적인 희귀종으로 노거수들은 천연기념물로 지정된 것들이 많습니다.

그런데 불과 십 수년 사이에 어린나무를 흔하게 볼 수 있게 되었습니다. 전국 각지에 가로수로 많이 심었지요. 봄이 되면 하얀 나무들이 도로가에 줄지어 있습니다. 이 나무들은 입하라는 절기를 지키지 않습니다. 자동차들이 내뿜는 열기와 같이 인공적인 영향으로 도로가는 시골의 마을숲보다 기온이 더 높습니다. 그래서 시내의 가로수나 공원수들이 더 일찍 꽃을 피웁니다. 입하나무라는 또 다른 이름이 무색해져 버렸지요.

이팝나무의 학명에도 흰 꽃이 영향을 미쳤습니다. 치오난투스 레투수스*Chionanthus retusus*에서 속명 치오난투스는 그리스어로 눈이라는 뜻의 치온chion과 꽃이라는 뜻 안토스anthos의 합성어입니다. 하얗게 핀 꽃이 눈이 소복하게 쌓인 것 같아서 붙여진 이름입니다. 종소명 레투수스는 미세하게 오목한, 또는 미세하게 쏙 들어갔다라는 뜻입니다. 어느 부분을 나타내는지는 정확하지 않습니다. 꽃을 보면 아주 가는 꽃잎이 네 장인 것처럼 보입니다. 그러나 하나의 꽃으로 아랫부분이 붙어 있고 그저 깊게 갈라져 있습니다.

물푸레나무과 중에는 통꽃이면서 꽃잎이 넷으로 갈라지는 꽃들이 꽤 많습니다. 개나리가 그러하고, 미선나무가 그렇습니다. 향기가 아주 강하고 매력적인 은목서, 금목서도 마찬가지입니다. 이들 모두 꽃이 질 때 통째로 꽃 전체가 함께 떨어지지요. 그렇게 하얀 쌀밥 같던 꽃은 입하가 지나고 얼마 후 바람을 따라 뱅글뱅글 돌며 땅으로 내려앉기 시작합니다.

조팝나무

이팝나무 못지않게 자잘한 새하얀 꽃이 잔뜩 모여 피는 나무가 또 있습니다. 이번에는 쌀이 아니라 조입니다. 노란 좁쌀은 조의 알갱이입니다. 이 좁쌀로 밥을 지어놓은 것 같다는 뜻의 이름을 가진 조팝나무가 있습니다. 또 튀긴 좁쌀을 다닥다닥 붙여 놓은 것 같아서 그런 이름이 붙었다고 전해지기도 합니다. 둘 다 좁쌀에 대한 이야기입니다. 조팝나무는 이팝나무보다 더 흔하게 만날 수 있습니다. 전국의 숲 가장자리나 농지 가장자리, 밭둑 주변 등 가리지 않고 햇볕이 잘 드는 곳이면 만날 수 있습니다.

새하얀 꽃이 아름답고 수형이 예뻐서 요즘은 공원에도 많이 심습니다. 뿌리에서 수많은 줄기가 촘촘하게 모여 납니다. 이런 관목들은 키가 크게 자라지 않습니다. 이팝나무는 20미터까지 자라기도 한다지만 조팝나무는 2미터 남짓 자랍니다. 이팝나무는 키가 크고, 조팝나무는 키가 작다라고 외우면 잘 기억되지 않습니다. 이름이 비슷해서 더욱 헷갈립니다. 금세 누가 더 키가 컸더라 하며 갸우뚱하기가 십상이지요. 그럴 때는 쌀과 조를 비교하면 쉽게 기억할 수 있습니다. 쌀알이 좁쌀보다 더 크니까 큰 나무가 쌀밥나무 즉 이팝나무, 작은 나무를 조팝나무로 기억하면 좀 쉽습니다.

조팝나무는 이팝나무보다 이른 봄에 꽃이 피는데 그 꽃이 이팝나무와 마찬가지로 순백색입니다. 가늘게 휘어지면서 부드럽게 뻗은 가지에 하얀 꽃들이 줄줄이 달려서 하얀 방망이 같습니다. 어릴 때, 한 아름 꺾어 집에 있는 작은 항아리에다 꽂아 두기도 했지요. 요즘은 초봄에 절화용으로 꽃집에서 더러볼 수 있습니다. 설유화라는 이름의 꽃이 그것입니다. 눈 내린 버드나무 같다는 뜻이지요. 굳이 꺾으러 멀리 가지 않아도 되지만 돈을 지불해야 합니다. 그러나 감상하기 위해 대가를 지불하는 꽃은 햇빛을 먹고 빗물을 마시고 자란 꽃들보다 볼품이 없습니다. 너무나 왜소하지요.

조팝나무는 장미과입니다. 장미과의 특징 중 하나가 꽃잎이 낱장이란 것입니다. 장미꽃잎이 한 장씩 떨어지는 것과 같습니다. 대표적으로 쉽게 만나지는 가로수 벚나무가 장미과에 속합니다. 꽃이 질 때 눈이 내리듯이 여린 꽃잎들이 한 장씩 떨어진다는 것을 모르는 사람은 없습니다. 그 모습은 꽃이 풍성할 때보다 더 사람의 마음을 매료시킵니다.

조팝나무의 학명에도 그 특징이 다 들어 있습니다. 조팝나무의 학명은 스피래아 프루니폴리아 심프리시플로라*Spiraea prunifolia f. simpliciflora*입니다. 조금 길지요? 속명과 종소명, 그리고 품종을 나타내는 f, 품종명으로 이루어져 있습니다. 속명 스피래아는 그리스어 스페이라*speira*에서 유래되었는데 나선, 화환, 바퀴라는 뜻으로 둥근 형태를 나타낸다고 볼 수 있습니다. 이는 화환을 만드는 나무라는 뜻이 있습니다. 실제로 꽃이 가득 핀 줄기는 부드럽게 휘어져서 하얀 화환을 만들기에 좋습니다. 종소명 프루니폴리아는 '벚나무속(프루누스*Prunus*)과 잎이 비슷한'이라는 뜻입니다. 품종명 심프리시플로라는 꽃들이 단순하다는 뜻으로 홑꽃을 나타냅니다. 조팝나무의 학명에는 줄기의 성격과, 잎의 모양과, 꽃의 모양까지 모두 담고 있습니다. 반드시 형태를 기준으로 이름을 짓겠다는 의지가 확고했던 것처럼 말이죠.

이팝나무는 소복하게 쌓인 꽃들이 쌀밥 같아서, 조팝나무는 뭉쳐진 꽃들이 조밥 같아서 이름이 지어졌습니다. 시골에는 농사를 지을 젊은 사람들이 없어져서 묵힌 농지가 많고 그 주변으로 조팝나무들이 더 많아졌습니다. 조밥이 어떻게 생겼는지 모르는 사람들이 꽃을 감상하기가 훨씬 유리해졌습니다. 이름이 무엇인지는 모르고 환한 꽃을 보며 그저 감탄합니다.

고봉으로 높다랗게 퍼 담은 밥이 귀하던 시절부터 그럴 필요가 없는 시대까지 겨우 반백년 차이입니다. 고봉밥은 사라지고 이제는 전국 각지의 도시 가로수로 하얗게 핀 이팝나무 꽃만이 그 시절을 기억하고 있습니다.

4부

친숙한 식물, 몰랐던 이름 이야기

찔레꽃·해당화

청순한 들장미와
당찬 바다장미를 아시나요

이름 ◦ 찔레꽃
뜻 ◦ 가시가 있어 찌르는 꽃이라는 뜻입니다.
주서식 지역 ◦ 전국 각지, 마을과 멀지 않은 곳에 흔하게 자랍니다.
꽃 피는 시기 ◦ 봄(5월)

이름 ◦ 해당화
뜻 ◦ 바다에 사는 꽃이라는 뜻입니다.
주서식 지역 ◦ 바닷가 모래밭이나 모래 언덕에 자랍니다.
꽃 피는 시기 ◦ 초여름(6월)

장미가 없는 꽃집은 없습니다. 크기와 색이 다양한 장미가 몇 가지는 진열되어 있지요. 흰색부터 검은색이 도는 붉은색까지 세상 그 어떤 꽃보다 다양한 색깔을 가졌습니다. 장미는 특히나 사랑하는 이에게 선물하는 꽃으로 널리 이용됩니다. 색깔과 크기에 따라 다양한 꽃말을 가지고 있는데 대체로 사랑과 관련된 것들입니다. 누군가에게 장미를 선물 받아 본 지가 언제인지 까무룩하지만 오래전 장미를 선물 받은 추억이 있습니다. 그렇게 장미는 많은 이의 사랑을 받았고, 그 사랑은 식지 않고 여전하지요. 다양한 품종이 끊임없이 개발되고 있으니까요.

장미가 우리나라에 보편화된 것은 서양 문물이 들어오기 시작하면서겠지만 그 이전에도 장미에 대한 기록이 있습니다. 고려 후기 고종 때 지어진 경기체가 〈한림별곡〉 내용 중에 '황자장미黃紫薔薇'란 말이 나옵니다. 노란색과 자주색의 장미라는 뜻으로 아마도 그 이전부터 장미는 아주 귀하게 대접받는 꽃이었을 것입니다. 장미가 귀족 말고 서민들의 사랑을 받게 된 것은 그다지 오래되지 않았습니다. 하지만 이런 화려한 장미 말고 같은 로사Rosa(장미속)라는 이름을 가진 꽃들이 우리나라에도 상당히 많이 자생합니다.

높은 산이나 깊은 숲에 가야 만나지는 인가목이나 생열귀나무가 있고, 햇볕이 잘 드는 곳이나 바닷가에서 땅을 기며 자라는 돌가시나무도 있습니다. 장미와는 사뭇 다른 이름을 가졌지만 이들도 엄연히 장미에 속합니다. 여러 로사 중에서도 대표적이며 누구나 알고 쉽게 볼 수 있는 것이 '찔레꽃'과 '해당화'입니다. 이들은 아주 오랫동안 농부들과 어부들 가까이에서 함께 산 로사입니다. 귀족들이 황자장미를 귀히 여기기 훨씬 이전부터 우리 가까이 있었지요.

청순한 들장미 찔레꽃

찔레꽃은 수많은 시와 노랫말에 등장하기 때문에 쉽게 접할 수 있는 이름입니다. 어떤 노래에서는 붉게 핀다고 하고, 어떤 노래에서는 하얀 꽃이라고 했습니다. 붉게 핀다는 그 노래의 전반적 흐름을 보면 해당화를 이야기하고 있습니다. 우리나라의 옛 사투리를 보면 해당화를 때찔레, 홍찔레 등으로 부르기도 했으니까요.

'하얀 꽃 찔레꽃'이라는 가사로 시작하는 노래가 우리가 알고 있는 그 꽃입니다. 노래에는 찔레꽃이 슬프게 등장합니다. 향기마저 너무 슬프다고 말하지요. 아마도 노래를 만든 이가 찔레꽃을 만날 때 마음이 슬펐나 봅니다. 또 찔레꽃에는 한 소녀가 가족을 찾다 죽었다는 슬픈 전설이 있는데, 대부분 꽃에 깃든 구전들은 슬픕니다. 하지만 저는 꽃에 깃든 슬픈 이야기를 썩 좋아하지 않습니다. 꽃의 의지와 상관없이 사람이 만들어낸 이야기니까요.

찔레꽃은 가시가 있어 찔리는 꽃이라는 뜻입니다. 그 가시가 장미 가시와 거의 똑같이 생겼습니다. 가시가 있는 것은 장미속*Rosa*의 특징이기도 하지요. 우리나라 자생 장미속 식물들도 모두 가시가 있습니다. 그중에서 찔레꽃이 특히 장미와 가시가 많이 닮았지요. 찔레꽃의 학명은 로사 멀티플로라*Rosa multiflora*입니다. 로사는 라틴의 옛 이름으로 장미라는 뜻의 그리스어 로돈rhodon에서 유래되었습니다. 종소명 멀티플로라는 꽃이 많이 달린다는 뜻입니다. 식물의 학명은 대체로 어려운 단어들이 많지만 찔레꽃은 익히 아는 단어들이 등장합니다. 로사Rosa도 멀티multi도 플로라flora도 익숙합니다. 더불어 꽃도 익숙하지요.

찔레꽃은 학명 그대로 꽃이 많이 달립니다. 장미의 계절이라고 하는 5월에 전국을 하얗게 수놓다시피 하지요. 한적한 지방도로 주변이나 시골 어디서나 볼 수 있습니다. 시골이 고향인 사람들은 늘 보고 자란 꽃이지요. 찔레꽃은 봄에 두 가지 모양의 순이 나옵니다. 휘어지는 성질을 가진 줄기 여기저기에서 자잘한 잎이 돋아나고, 굵은 줄기 아랫부분에서는 굵직한 순이 위로 쭉 올라옵니다. 그 순은 쑥쑥 잘 자랍니다. 그 줄기들이 자라서 굵은 줄기가 되는데 사람들이 딱딱한 목질의 줄기가 되도록 가만두지 않지요. 특히 저는 더 그랬습니다. 통통하게 자란 연한 새순을 뚝 꺾어 껍질을 벗기고 아작아작 씹으면 쌉쌀하면서도 풋풋한 향의 수분이 입안에 꽉 차지요. 특별히 맛있다고 할 수는 없지만 그 특유의 향과 질감이 꽤 중독성이 있습니다.

먼 산이 말갛고 푸른 나뭇잎들로 뒤덮여 겨울의 색이 다 감춰졌을 때쯤 찔레꽃이 하얗게 핍니다. 봉오리 때는 꽃잎 바깥쪽으로 약간의 분홍색이 돌긴 하지만 눈부신 흰 꽃이 피지요. 새 줄기가 자라면서 잎이 돋아나고 그 끝에 여러 개의 꽃이 소담스럽게 모입니다.

향기는 장미를 닮긴 했지만 저는 감히 이렇게 말하고 싶습니다. 장미가 찔레꽃 향기를 닮았다고 말이지요. 장미보다 찔레꽃의 향기를 먼저 만나고 익숙해져 온 저로서는 그럴 수밖에 없습니다. 장미과의 꽃향기는 모두 찔레꽃이 기준이 되거든요. 저절로 얼굴을 꽃 가까이 갖다 대고 코를 벌름거리고 싶어지는 찔레꽃 향기는 아찔한 매력과 함께 풋풋한 청순미가 가미되어 있습니다.

꽃집에서 만나는 장미는 예쁠 수는 있지만 청순미는 덜하지요. 장미꽃잎으로 만든 향수는 정신을 놓을 만큼 매혹적이지만 청순미는 느껴지지 않습니다. 찔레꽃이 만발하면 하늘에서 향기비라도 내린 듯 공기 중에 향이 가득해집니다. 꽃이 멀리 있는데도 느껴지는 그 향기는 한번 맡으면 잊기가 힘들지요. 그런 꽃들이 들판 여기저기는 물론이고 마을 곳곳에 피어 향기를 마구 뿜어대는 계절이 들장미 찔레꽃의 봄입니다.

당찬 바다장미 해당화

온화한 자주색으로 바닷가에 피는 로사Rosa는 해당화입니다. '해당화海棠花'는 바다에 사는 꽃이라는 뜻으로 당棠은 팥배나무, 해당화, 산앵도나무 등을 뜻하는 한자어입니다. 장미과에 속하는 여러 종류의 식물과 연관되어 같은 한자가 사용되어지기도 합니다. 바닷가에 사는 유난히 화사하고 꽃이 큰 해당화도 사람들의 사랑을 많이 받아온 나무입니다. 찔레꽃과 다른 점이 있다면 꽃이 크고 붉다는 것과, 줄기에 자잘한 가시들이 아주 촘촘하게 있다는 것입니다. 찔레꽃은 조심스럽게 꺾을 수 있지만 해당화는 손으로는 절대 꺾을 수가 없습니다.

해당화는 이름처럼 바닷가에 주로 자라는데, 바다가 아주 가까운 모래땅부터 먼빛으로 바다가 보이는 언덕에서 자라기도 합니다. 가수 이미자의 대표적인 히트곡인 〈섬마을 선생님〉의 첫 소절은 "해당화 피고 지는 '섬마을'에"입니다. 해당화가 바닷가를 좋아하는 특성을 잘 담은 것이지요. 주로 모래땅일수록 키가 작고 모래땅에서 멀어질수록 키가 조금 더 높이 자랍니다. 따끈따끈한 모래에 뿌리를 내리고 바다를 바라보며 피는 꽃이 생경하게 느껴지기도 합니다. 왠지 온실 속에서 대접받고 자라야 할 나무가 바닷가에 나와 있는 느낌이 들기 때문이지요. 동전보다 조금 큰 찔레꽃에 비해 해당화는 꽃의 지름이 적어도 5센티미터가 넘고 훨씬 더 큰 꽃을 피우기도 합니다. 갓 피어난 꽃을 보면 좁은 봉오리 속에서 꾸깃꾸깃 구겨졌던 자국이 남아 있습니다. 꽃이 피기 전까지는 절대 빠져나가지 못하도록 향기를 감싸고 있던 훈장이랄까요. 구김살 하나 없이 많은 꽃잎이 부드러운 굴곡과 곡선을 유지하며 피는 장미와는 사뭇 다릅니다. 그 모습이 장미에서는 볼 수 없는 해당화의 매력이기도 하지요.

해당화의 학명은 로사 루고사*Rosa rugosa*입니다. 종소명 루고사는 '주름이 있는'이라는 뜻으로 잎에 주름이 많아서 붙여진 이름입니다. 장미속 식물들의 잎이 다 그렇지만 여러 개의 소엽으로 이루어진 겹잎인데, 그 한장 한장의 잎에 주름이 있습니다. 주맥을 중심에 두고 양쪽을 사선으로 일정한 간격으로 접었다 펼친 모양을 하고 있습니다. 그런 모양으로 인하여 주름이 있다는(루고사) 이름을 얻었습니다. 더불어 갓 피어난 꽃에 구겨진 주름이 남아 있으니 그 모습을 연상하여 기억해도 좋을 것입니다. 해당화도 겹해당화, 흰해당화 등 몇 종의 원예품종들이 있습니다. 그중에서도 자생하는 해당화와 꽃 색이 같으면서도 겹꽃인 겹해당화는 드물지 않게 심어져 있습니다.

찔레꽃과 해당화는 지금도 많은 사람이 좋아하는 꽃입니다. 해당화는 꽃이 크고 화사해서 관상용으로 많이 심기도 하지요. 찔레꽃은 굳이 심는 경우가 잘 없지만, 간혹 아파트 울타리에 덩굴장미와 섞여서 심어진 경우가 있습니다. 그런 경우는 찔레꽃을 심으려 했다기보다 덩굴장미의 묘목과 헷갈려서 의도치 않게 심어졌을 테지요. 그렇다 하더라도 울타리용으로 심어진 찔레꽃도 덩굴장미 못지않게 퍽 근사합니다. 꽃의 자태도, 미혹하는 향기도 장미에 뒤지지 않습니다.

이름도 정다운 찔레꽃과 해당화는 바로 전통적인 우리나라의 장미입니다. 찔레꽃은 들에 사는 장미의 이름이며, 해당화는 바닷가에 사는 장미의 이름입니다. 이들은 여전히 꽃집에는 입성하지 못하지만 푸르른 들과 파도가 왔다가는 바다를 고요히 바라보며 핍니다.

진달래·철쭉·산철쭉

너무 닮아 구별이 어려운
봄의 전령들

이름 진달래
뜻 색이 진하고 먹을 수 있는 꽃이라는 뜻으로 추정됩니다.
주 서식 지역 전국의 낮은 산지 볕이 비교적 잘 드는 곳에
자랍니다.
꽃 피는 시기 봄(3~4월)

이름 철쭉
뜻 한자명 척촉躑躅에서 발음이 변화해 철쭉으로 불린다
고 합니다.
주 서식 지역 전국의 산지, 특히 능선부에서 잘 자랍니다.
꽃 피는 시기 봄(4~5월)

이름 산철쭉
뜻 산에 자라는 철쭉이라는 뜻입니다.
주 서식 지역 산지의 능선이나 산 아래 계곡 주변에서 자랍
니다.
꽃 피는 시기 봄(4~5월)

꽃 중에는 이름이 아주 친숙한 경우가 흔합니다. 이름만 들어도 누구나 다 고개를 끄덕거릴 정도로요. 그러나 그 식물의 실체는 제대로 아는 경우는 많지 않습니다. 안다고 해도 다른 비슷한 꽃과 구분하지 못하는 경우가 많지요. 그중 대표적인 것이 바로 진달래속(로도덴드론 *Rhododendron*) 식물입니다. 로도덴드론은 그리스어로 '장미'와 '나무'의 합성어입니다. 장미와 닮았다는 뜻인데 실제 장미의 형태를 닮았다는 뜻인지, 장미에 견줄 만큼 아름다운 나무라는 뜻인지는 정확하지 않습니다.

진달래속에는 많은 식물이 있지만 그중에서 가장 자주 만날 수 있는 식물이 몇 종 있습니다. 바로 진달래, 철쭉, 그리고 산철쭉입니다. 이들이 꽃을 피우면 사람들은 꽃 축제를 열고 꽃을 보기 위해 산으로 달려갑니다. 진달래축제를 하고 뒤이어

철쭉으로 축제를 벌이지요. 이 중에 속을 대표하는 것은 진달래입니다. 아마 우리나라 성인들에게 "진달래를 아시나요?" 하고 질문하면 모른다고 하는 사람이 거의 없을 겁니다.

진달래는 참꽃, 또는 두견화로 불리기도 하면서 많은 사랑을 받습니다. 참꽃의 '참'은 먹을 수 있다는 뜻입니다. 진달래는 꽃을 통째로 먹을 수 있는 대표적인 우리나라 식용 꽃입니다.

또 '두견화'라는 이름은 두견이라는 새와 관련이 있습니다. 여름 철새인 두견이는 봄에 우리나라에 옵니다. 번식기에 밤낮으로 우는데 그렇게 울다가 피를 토하고, 그 피로 물든 꽃이 진달래라는 이야기가 전해져옵니다. 두견이는 뻐꾸기와 친척이며 모습이 아주 비슷합니다. 보통 숲속에서 활동하기 때문에 쉽게 눈에 띄지 않습니다. 소리를 듣고서 숲속에 두견이가 있다는 것을 알 수 있지요. 직접 둥지를 짓지 않고 뻐꾸기처럼 탁란(남의 둥지에 몰래 알을 낳고 다른 새가 품고 키우게 하는 행위)을 합니다. 뻐꾸기는 뱁새로 불리기도 하는 붉은머리오목눈이나 딱새, 휘파람새 등 다양한 새들의 둥지에다가 알을 낳습니다. 두견이는 보통 휘파람새나 섬휘파람새의 둥지에 주로 탁란합니다. 그런 새들은 다 두견이보다 몸집이 작은데 알에서 깨어난 두견이는 혼자 둥지를 차지하고 위탁모의 자손들은 모두 둥지 밖으로 밀어내 버립니다. 탁란을 당한 둥지의 어미새는 자신보다 더 큰 어린 두견이를 금지옥엽으로 여기며 먹이를 물어다 나릅니다. 그러나 엄마 두견이 입장에서는 또 불안할 수 있겠지요. 엄마 두견이는 알을 탁란하고도 그 주변에서 멀리 떠나지 못하고 자주 찾아와서 울어댑니다. 어린 두견이가 정체성을 잃지 않도록 독려하는 걸까요? 아니면 남의 품에서 자라는 새끼를 걱정하는 걸까요? 어쨌든 그렇게 울던 엄마 두견이가 피를 토해 진달래를 물들였다는 말도 전해져 옵니다.

진달래는 봄이 되면 잎이 나기 전에 진하고 화사한 분홍색 꽃을 먼저 피워서 산을 장식합니다. 흔히 그 색을 꽃분홍색이라고 하지요. 이때는 진달래뿐 아니라 다른 나무들도 잎이 나기 전입니다. 아직 겨울 같은 산비탈에 점점이 박힌 진달래꽃이 햇빛을 받으면 보석이라도 뿌려놓은 것 같습니다. 그 모습을 지켜보면서 진달래임을 알아차리지 못하는 사람은 거의 없습니다.

그런데 가까이서 꽃을 들여다보면 그때부터 생소해집니다. 철쭉과 헷갈리기 시작하고 철쭉을 알고 나면 또 산철쭉과 혼동이 오게 됩니다. 급기야 세 종류가 한데 섞이면 오히려 잘 안다고 생각했던 진달래까지 의심스럽게 보이지요.

진달래와 철쭉, 산철쭉을 구별하는 방법은 비교적 간단하지만 계속 보면서 익히지 않으면 늘 잊어먹습니다. 그건 당연한 일입니다. 진달래는 잎이 나기 전에 꽃이 먼저 핀다고 이미 언급했지요. 철쭉이나 산철쭉은 잎과 함께 꽃이 핍니다. 전략적으로 꽃이 잎보다 먼저 피는 식물들은 같은 봄이라도 더 이른 봄에 꽃을 피웁니다. 꽃가루받이를 도울 곤충에 대한 경쟁이 조금이라도 덜 치열할 수 있겠지요. 결국은 진달래꽃이 가장 먼저 핀다는 것입니다. 철쭉과 꽃으로 구분하는 방법은 그 색의 차이입니다. 진달래는 말 그대로 진한 색이고 철쭉은 그보다 연한 색입니다. 우리가 흔히 빨강색 물감에다가 흰색 물감을 섞었을 때 나오는 분홍색을 생각하면 좀 더 쉽습니다. 그래서 경상도 일부 지역에서는 철쭉의 꽃이 진달래보다 연하다고 해서 '연달래'라고 부르기도 합니다. 저는 어릴 때 할머니에게서 연달래라는 이름을 철쭉보다 먼저 배웠습니다.

'산에 자라는 철쭉'이라는 뜻을 가진 산철쭉의 색이 철쭉과 닮았으면 얼마나 좋았을까요. 그러나 그 색은 오히려 진달래와 비슷합니다. 단 꽃이 필 때 잎이 함께 난다는 것이 철쭉과 같고 꽃피는 시기도 철쭉과 비슷합니다. 그러나 잎의 모양이 철쭉과 서로 다릅니다. 철쭉은 잎이 산철쭉보다 크고 잎끝이 둥급니다. 산철쭉은 잎이 작고 끝이 뾰족합니다. 산철쭉은 물을 좋아해서 공중 습도가 높은 산 능선에서 군락을 이루어 자랍니다. 경상남도 황매산의 산철쭉 군락은 아주 유명하지요. 키가 사람보다 작고 나무들의 수형이 모두 동글동글하게 생겼습니다. 솜씨 좋은 정원사가 미리 다듬어 둔 것 같지요. 그래서 공원이나 화단에 심기 아주 좋습니다. 가까운 근린공원에도 산철쭉을 흔히 심어서 그 꽃을 감상하기 좋지요. 능선뿐만 아니라 산 아래 계곡 주변 바위 사이에 뿌리를 내리고 자라기도 합니다. 그만큼 물을 좋아해서 일부 지역에서는 '수달래'라고 부르기도 합니다. 그러나 철쭉은 산 능선에서 자라기는 해도 물 바로 옆은 좋아하지 않습니다. 뿌리가 물 가까이 가는 것을 싫어하는 경향이 있습니다.

진달래보다 색이 연한 철쭉은 우리나라의 로도덴드론 *Rhododendron*속 중에서 가장 아름답다고 할 수 있습니다. 물론 이렇게 말하면 다른 꽃들이 서운할 수도 있겠지만 말이에요. 이런 철쭉에게는 아름다움과 관련 있는 이야기들이 많습니다.

철쭉이라는 이름은 척촉躑躅에서 유래되었다고 합니다. 머뭇거릴 척躑, 머뭇거릴 촉躅, 같은 뜻의 한자어입니다. 이는 양척촉에서 비롯되었는데 양이 철쭉을 먹으면 비틀거리다가 결국 죽는다는 것에서 유래되었다고 합니다. 또 독이 있는 잎을 먹을까 말까 머뭇거리는 데서 비롯되었다고도 하고요. 철쭉은 실제로 진달래와 다르게 독성이 있어서 먹으면 안 됩니다. 그래서 참꽃과 반대의 뜻으로 '개꽃'으로 불리기도 합니다. 그러나 꼭 죽음이 두려워 머뭇거리는 것만이 다였을까요? 그 앞에서 딸지 말지 머뭇거릴 수밖에 없을 정도로 꽃이 아름답다는 뜻은 아닐까요? 저 같은 사람은 반나절은 족히 머뭇거릴 수 있습니다. 어쩌면 그 시간조차 모자랄지도 모릅니다.

그렇게 사람들의 발길을 잡을 만큼 아름다운 철쭉은 영명이 Royal azalea입니다. 아잘레아 중에서 왕, 단연 최고라는 뜻이지요. 그러나 앞서 언급한 것처럼 철쭉은 로도덴드론*Rhododendron* 속입니다. 아잘레아는 속명이 아닌 거지요. 그럼 아잘레아라는 이름은 어떤 경우에 쓰이는 이름일까요?

김소월 님의 시 〈진달래꽃〉이 영어로 번역되었을 때 'Azalea flower' 또는 'The azalea'로 제목이 붙여지기도 했습니다. 실제로 진달래를 이야기할 때 아잘레아라는 이름을 쓰기도 합니다. 문화 예술적으로 진달래를 지칭할 때 아젤리아라 말하기도 하는 것 같습니다. 대신 과학적 또는 생물학적인 기록이나 보다 객관적인 내용으로 식물을 이야기할 때는 속명인 로도덴드론을 씁니다. 국가표준식물목록에 의하면 철쭉을 비롯해 몇몇 종의 이명이 아잘레아속으로 되어 있습니다.

그러나 지금은 정명이 아잘레아속에 속하는 식물은 우리나라에서 자생하지 않습니다. 다양하게 개량되어 관상용으로 심는 아잘레아 블라우스핑크, 아잘레아 엘리자베스, 아잘레아 파라다이스 등 수많은 아잘레아도 속명은 모두 로도덴드론입니다. 이들이 모두 비슷해서 개량종 아잘레아들과 우리나라 자생종인 진달래, 철쭉, 산철쭉을 구분하기 어려워하는 사람들도 많습니다. 잎이나 꽃이 아잘레아들이 조금 작기는 하지만 그것으로 구분하기는 애매합니다. 꽃의 크기가 좀 더 큰 품종도 있고 작은 품종도 있습니다. 아잘레아들은 흰색부터 연한 분홍색, 진한 분홍색, 빨간색 등 그 색이 아주 다양합니다. 많은 사람을 만족시키기 위해 다양한 색으로 개량된 덕분이지요. 진달래나 철쭉과 비슷한 색을 가진 경우도 참 많습니다. 그러나 의외로 쉽게 구분할 수 있습니다. 단 한 가지만 기억하면 됩니다.

진달래와 철쭉과 산철쭉은 수술이 10개이며 암술은 1개입니다. 암술이 수술보다 조금 더 길고 그 끝은 위로 휘어져 있습니다. 암술머리에 점성이 있어서 꽃가루가 한번 붙으면 떨어지지 않게끔 되어 있습니다. 번식에 유리한 장치를 해두었지요. 여기서 수술의 개수가 10개라는 것이 중요합니다. 외부의 힘에 의해 훼손되지 않는 한 이들은 항상 수술이 10개입니다. 개량된 아잘레아들은 수술이 10개 이하입니다. 10개인 경우도 있지만, 9개인 경우도 있고 8개, 7개인 경우도 있습니다. 수술이 10개인 꽃을 만나면 몇 개 더 헤아려 보면 됩니다. 일률적으로 10개가 아니라 9개나 8개인 꽃도 있다면 이들도 원예종으로 도입된 경우로 볼 수 있습니다. 길을 가다가 가까운 공원에 심어진 진달래와 비슷한 꽃이 우리나라 자생종인지, 아니면 사람에게 아름다움을 제공하기 위해 개량된 원예품종인지 궁금하다면 수술을 헤아려 보세요. 그거면 궁금증이 해결됩니다.

철쭉의 학명에는 역사적 사실도 숨어 있습니다. 종소명이 슐리펜바찌schlippenbachii로 이는 사람의 이름입니다. 1854년 러시아 군함 팔라다Palada호가 동해안의 해안선을 측정하였고 이때 해군 제독 바론 알렉산더 슐리펜바흐Baron Alexander schlippenbach가 진달래과, 버드나무과, 장미과 등 목본식물 다수를 채집하여 러시아로 건너갔습니다. 그것이 한국 식물에 대한 연구가 이어진 계기가 되었습니다. 그 후 다른 나라의 식물학자나 신부 등에 의해 많은 식물표본이 만들어지기도 했고, 1900년대 초반까지 한국 식물에 대한 연구가 이어졌습니다. 그 공로를 기리기위해 러시아의 동아시아 식물학자 막시모위쯔Maximowicz, C.J.에 의해 종소명이 슐리펜바찌로 명명되었습니다. 철쭉은 서양인들에게도 많은 사랑을 받게 되었고, Royal azalea라는 이름으로도 불리게 되었습니다. 그때 다수의 우리나라 식물이 신종으로 발표되었고 그 표본들은 외국의 표본관에 있습니다.

다양하고 재밌는 옛이야기를 비롯해 우리나라의 근대사와도 관련 있는 철쭉과 산철쭉, 진달래 이 세 가지 종을 구분하는 것은 생각보다 쉽지 않습니다. 앞서서 이들의 차이점을 언급하긴 했지만 아마도 기억하기 어려울 것입니다. 꽃피는 계절에 실제로 꽃을 들여다보면서 잘 배웠다고 해도, 다음 해가 되면 또 고개를 갸웃하는 경우가 생기지요. 모양이 비슷하고 색깔이 비슷하고 이름마저 비슷하기 때문에 더욱 그렇습니다. 그래서 식물은 오랜 세월을 두고 반복적으로 지켜보는 것이 제일 좋은 방법입니다.

아마도 진달래와 철쭉, 산철쭉을 완벽하게 구분하는데도 몇 년은 걸릴 것입니다. 좀 더 빨리 익히기 위해서는 식물을 볼 때 항상 그들의 이름을 소리 내어 불러주는 것이 좋습니다. 그들의 본명은 물론이고 생각이 난다면 예명까지 함께 불러주면 더욱 좋겠습니다. 그러면 머리와, 입술과, 듣는 귀가 동시에 작동합니다. 그들의 생김새는 물론이고 이름까지 훨씬 더 잘 기억할 수 있습니다.

과일 말고
꽃도 기억해 주세요

매실나무 '매화' 피는 시기 ● 2~3월
살구나무 '살구꽃' 피는 시기 ● 3~4월
자두나무 '오얏꽃' 피는 시기 ● 3~4월
복사나무 '복사꽃' 피는 시기 ● 4~5월
배나무 '이화' 피는 시기 ● 4~5월
사과나무 '사과꽃' 피는 시기 ● 4~5월

봄이 되면 화목들이 앞다투어 꽃을 피웁니다. 화목은 '꽃이 피는 나무'라는 뜻이지요. 나무들은 다 저마다 꽃을 피우니 모두 화목에 속한다고 할 수 있겠지만, 주로 키가 작아서 꽃을 감상하기 좋은 나무를 화목이라 칭합니다. 정원수나 공원수로 많이 활용되지요.

이렇게 나무의 공통된 용도로 그 범주를 나누는 경우가 많습니다. 화목에 속한다고 할 수 있는 진달래와 개나리는 서로 유연관계가 먼, 많이 다른 나무입니다. 같은 이유로 식용 과일을 얻을 수 있어서 과실수라 불리는 나무들이 있습니다. 과실수는 특히 꽃이 아름다운 나무가 많습니다. 이 과실수 이야기를 하게 된 이유는 간단합니다. 과실수의 이름은 다 들어 보았지만 그 나무를 구분하지 못하는 사람들이 많아서입니다. 그런데 또 과일은 구분할 줄 압니다. 사과와 배, 자두와 복숭아는 누구나 쉽게 구별합니다. 하지만 그 나무들이 꽃을 피울 때 이름을 제대로 불러주는 사람은 의외로 흔치 않지요.

나무를 만났을 때 어떤 나무인지 모르더라도 서로 다르다는 것은 눈으로 보면 바로 알 수 있습니다. 그런데 눈으로 보고도 알지 못하는 사람들이 더러 있습니다. 그중에 대표적인 나무가 바로 과실수입니다. 도회지에서 자란 사람들은 과실수를 구분하지 못하는 경우가 많습니다. 매실나무와 살구나무를 구분하긴 어렵습니다. 그러나 매실나무와 자두나무를 눈앞에 두고도 서로 다르다는 것을 인지 못 하는 경우를 만나면 저는 당황스러웠어요. 하지만 시간이 지나면서 그들을 이해하게 되었습니다. 제가 간판이나 건물을 잘 구분 못 하는 것과 비슷하겠다는 생각이 들었거든요.

우리에게 익숙한 과일을 생산하는 과실수들은 봄에 꽃이 피는 경우가 대부분입니다. 그것도 아주 예쁜 꽃을요. 매실과 살구가 그렇고 자두와 복숭아 역시 봄에 꽃을 피웁니다. 뒤이어 배와 사과꽃이 핍니다. 이 중에서 매실, 살구, 자두, 복숭아는 잎이 나기 전에 꽃이 먼저 피고 배와 사과는 잎과 꽃이 함께 나옵니다. 결국 잎과 함께 꽃이 피는 배나무와 사과나무가 같은 봄이라도 좀 더 늦게 꽃이 피는 셈입니다.

나무들도 꽃 피우는 순서가 있습니다. 같은 환경에 있을 때 약간의 차이가 있지요. 그렇다고 큰 차이가 있는 건 아니라서 며칠 정도 텀을 둡니다. 매실나무가 제일 먼저 꽃을 피우고 그 꽃잎들의 색이 탈색될 때쯤이면 살구나무가 꽃을 피웁니다. 뒤를 이어 자두나무가 피는데 이 셋은 큰 차이가 없습니다. 엇비슷하지요. 매실나무와 살구나무, 자두나무, 복사나무를 비롯해서 배나무와 사과나무까지 모두 장미과Rosaceae에 속합니다. 장미과의 공통된 특징은 꽃이 낱장으로 한 장씩 떨어진다는 것입니다. 바람에 꽃잎이 한 장씩 떨어져 날리는 대표적인 나무들이지요. 하지만 꽃잎이 낱장으로 떨어지는 꽃들이 모두 장미과는 아닙니다.

매실나무 '매화' 피는 시기(2~3월)

매실나무는 꽃 색이 다양합니다. 매실나무의 꽃 '매화'는 예부터 많은 사랑을 받아왔습니다. 매실이라는 이름도 매화의 열매라는 뜻이지요. 꽃은 흰색에 가까운 색이지만 푸른빛이 돌아서 청매화라고 불리기도 하고, 붉은색으로 피어서 홍매화라 불리기도 합니다. 그 붉은 빛이 지나치게 붉어서, 꽃이 모여 있을 때 더 어두워 보인다 하여 흑매화라 불리는 나무들도 있습니다. 오래된 나무나 꽃 색이 특별한 나무들은 그 나무 자체가 이름을 가지고 있습니다. 남명매, 고불매 등 특별한 이름을 가진 나무들이 있지요. 화엄사에 아주 붉게 피는 매화를 화엄매라고 부르고, 600살이 넘었다는 어르신나무 정당매도 있습니다. 이런 고유한 이름을 가진 단 한 그루의 나무를 보기 위해 봄이면 사람들이 방문하지요.

얼마나 매실나무를 사랑했으면 그 나무의 꽃을 매화라고 부르고, 또 각각의 나무에다 고유한 이름을 다시 붙였을까요. 우리나라 사람들의 매화, 아니 매실나무에 대한 사랑은 유별납니다. 그중에서 어렵지 않게 볼 수 있는 나무들이 흰색 꽃을 피우는 나무입니다. 그렇다고 완전한 백색은 아닙니다. 흰색이라고 볼 수 있지만 푸르스름한 꽃이 피기도 하고 연한 분홍빛이 도는 꽃이 피기도 합니다. 그들에게도 차이가 있습니다. 푸른 빛이 도는 꽃은 꽃받침이 초록색을 띠고 분홍색이 도는 꽃은 꽃받침이 붉은색입니다. 멀리서 보아도 확연한 차이가 있지요. 이렇게 전체적인 미묘한 차이를 결정하는 것은 꽃받침의 색깔입니다. 어떤 나무의 꽃받침은 두 색깔이 함께여서 얼룩덜룩하기도 합니다. 매화는 꽃잎이 한 장씩 따로 붙어 있는 갈래꽃인데 꽃잎 아랫부분이 점점 좁아집니다. 꽃받침에 실제로 붙어 있는 부분은 뾰족해져서 아주 작은 부분입니다. 이런 다섯 장의 흰 꽃잎들이 일정한 간격을 유지하고 꽃받침에 붙어 있습니다.

우리의 국명은 꽃보다 열매에 비중을 두고 지었나 봅니다. 그렇다면 학명은 어떨까요? 매실나무의 학명은 프루누스 무메 *Prunus mume*이며, 몇 가지 품종들이 있습니다. 매실나무 '베니치도리', 매실나무 '고시키우메' 등이 있는데 그 모두를 매실나무라고 부릅니다. 속명 프루누스는 자두나무의 라틴명에서 유래한 것으로 전해지고 있습니다. 프루누스는 벚나무속입니다. 매실나무는 벚나무와 같은 속인 것입니다. 무메*mume*는 일본에서 매화를 '우메'라고 부르는 데서 비롯되었습니다.

살구나무 '살구꽃' 피는 시기(3~4월)

매화가 한창일 때 살구나무에 하얀 꽃이 피기 시작합니다. 분홍색이 도는 매화와 꽃 빛깔이 비슷합니다. 아주 연하게 분홍빛이 섞인 흰색이지요. 꽃받침도 매실나무와 비슷한 빨간색인데 꽃받침 모양이 서로 다릅니다. 매실나무는 꽃받침이 말 그대로 꽃을 받치고 있고, 살구나무는 꽃받침의 조각들이 뒤로 젖혀져 꽃을 외면한 채 가지 쪽으로 향합니다. 그래서 살구나무인지 매실나무인지 헷갈릴 때는 꽃의 뒷모습을 보면 쉽게 구분이 가능합니다.

살구나무는 '살고'라는 말에서 유래되었다고 합니다. 그래서 시골 어른들은 살구나무를 두고 살고나무라고 하기도 합니다. 죽지 않고 어떻게든 살고자 했던 어려운 시절의 심정이 반영된 이름일까요? 그래서 살고팠던 마음으로 '집에 심어두면 좋다'는 말을 들은 적이 있습니다. 시골 동네에 가면 마당에 오래 산 고풍스러운 살구나무가 있는 집들이 더러 있었습니다. 저의 고향 마을 옆집에도 아주 잘생긴 살구나무가 있습니다. 그 나무는 담장 밖으로 가지를 뻗어서 친구네 집 뒤란까지 이어졌지요. 잘 익은 살구는 친구네 집 뒤란에 떨어졌고 우리는 그 살구를 많이도 주워 먹었습니다. 지금은 노쇠했지만 아직도 그 나무는 살아서 봄이면 투명하고 애잔한 꽃을 청춘인 것처럼 피웁니다.

살구나무도 역시 프루누스*Prunus*에 속합니다. 프루누스 아르메니아카*P. armeniaca*라는 학명을 가졌습니다. 종소명 아르메니아카는 흑해 연안에 위치한 '아르메니아의'라는 뜻입니다.

자두나무 '오얏꽃' 피는 시기(3~4월)

매실나무, 살구나무와 비슷한 시기에 자두나무 꽃도 피어납니다. 자두나무 꽃이 매실나무와 헷갈리는 가장 큰 이유도 바로 꽃의 색깔입니다. 자두나무의 꽃 색은 푸른빛이 연하게 도는 매실나무의 꽃과 비슷합니다. 둘 다 꽃받침이 푸른색입니다. 그러나 구분하는 방법 또한 생각보다 간단합니다. 매실나무는 꽃줄기가 아주 짧아서 꽃이 가지에 딱 붙어 있고 자두나무는 꽃줄기가 약 2센티미터 전후 가량 됩니다. 역시 매실나무와 살구나무를 구분하는 방법과 같이 꽃 뒷부분을 보아야 합니다. 꽃의 아름다움에 충분히 감탄한 다음, 그들의 숨겨진 뒷모습에도 관심을 기울이면 나무를 구분하는 게 그다지 어렵지 않습니다.

　자두나무는 자도나무에서 유래되었다고 합니다. 자도紫桃는 자주빛 자紫, 복숭아 도桃로 자주색의 복숭아라는 뜻입니다. 열매가 복숭아와 비슷한 데서 붙여진 이름으로 자도라는 말이 변형되어 자두가 되었다고 전해집니다. 자두를 '오얏'이라고 부르기도 합니다. 저의 할머니도 살아계실 적에 자두를 오얏으로 부르기도 했었지요. 드라마 〈미스터 션샤인〉에서 애신과 유진이 궁에서 우연히 만났을 때 하얀 눈처럼 흩날리던 꽃잎이 오얏꽃으로 설정되었지요. 대한제국의 황실 문장紋章이라는 대사도 함께 나옵니다. 그만큼 자두나무는 우리나라에서 사랑받던 나무입니다. 지금은 그저 수수한 나무로 크게 주목받지 못하고 있지만요.

자두나무는 학명이 프루누스 살리키나*P. salicina*입니다. 살리키나는 살릭스*Salix*, 즉 버드나무속과 비슷하다는 뜻입니다. 나무의 어느 부분이 버드나무속과 비슷한지 종소명에 나타나지는 않지만, 자두나무의 여러 형태 중에서 같은 속屬 다른 식물보다 버드나무를 더 닮은 부분은 바로 잎입니다. 버드나무 종류 중에는 버드나무와 갯버들처럼 잎이 아주 가는 나무들도 있지만, 왕버들처럼 그 잎이 비교적 넓은 나무도 있습니다. 자두나무는 비슷한 시기에 꽃을 피우는 매실나무와 살구나무보다 잎이 좁고 깁니다. 버드나무류와 닮은 부분이 없지 않습니다. 어쩌면 이런 이유에서 살리키나*salicina*라는 이름이 붙지 않았을까 살며시 추측해 봅니다.

복사나무 '복사꽃' 피는 시기(4~5월)

이제 복사나무 꽃이 필 차례입니다. 복사나무는 쉽습니다. 꽃이 화사한 분홍색으로 피기 때문이죠. 과실수이다 보니 여러 가지 품종이 있습니다. 그 품종에 따라 색의 진하고 옅음에 약간의 차이가 있습니다. 그리고 그해 기후에 따라 같은 품종이라도 작년보다 더 진할 때도 있고 연할 때도 있습니다. 그렇지만 근본의 분홍빛을 잃지는 않습니다. 꽃 색만으로도 흰색에 가까운 매실나무와 살구나무, 자두나무와 헷갈릴 일이 없습니다. 복사나무는 다른 과실수에 비해 재배하는 면적이 아주 넓습니다. 봄이면 전국 어디서나 분홍색의 꽃이 가득 찬 복숭아밭을 만날 수 있지요. 편평한 평야 지대에서는 물론이고 경사가 있는 구릉지에 꽃이 피면 거기가 바로 무릉도원이 됩니다. 향기 품은 화사한 꽃 아래 푸른 풀들이 깔리면 한자리 차지하고 앉아 봄노래라도 부르고 싶어지지요. 술 한잔 기울이면서 말입니다.

복사나무는 귀신을 쫓는다고 전해져옵니다. 그래서 차례상이나 제사상에 복숭아는 사용하지 않는다고 어른들이 말씀하셨지요. 드라마 〈도깨비〉에서도 저승사자의 정체를 밝히기 위해서 꽃이 핀 복사나무 가지를 사용하는 장면이 나옵니다. 물론 진짜 복사꽃이 아니라 조화겠지만요. 보통 품종이 다르더라도 재배하는 나무를 모두 복사나무라고 하고 산에서 자생하는 것을 산복사나무라고 합니다. 복사나무의 학명은 프루누스 페르시카*P. persica*입니다. 페르시카는 '페르시아의'라는 뜻입니다. 여뀌속(페르시카리아*Persicaria*)처럼 복사나무의 특정 부분과 닮아서 이름을 차용해 간 경우도 있습니다.

배나무 '이화' 피는 시기(4~5월)

그렇다면 배나무와 사과나무는 어떨까요?

둘 중에서는 배나무가 꽃이 더 일찍 핍니다. 겨울눈이 터지고 그 자리에서 잎과 꽃이 동시에 나오면서 꽃이 서둘러 피지요. 흰색의 봉우리가 잔뜩 부풀었다가 꽃이 열리는데 다른 과실나무에 비해 유난히 도드라지는 흰색입니다. 흰 꽃이 파란하늘을 배경으로 피면 놀랄 정도로 창백해 보입니다. 우리가 흔하게 들어 알고 있는 '이화에 월백하고'로 시작하는 고시조가 있습니다. '이화梨花'는 배나무 꽃을 뜻합니다. '배꽃에 달빛이 비쳐 더욱 밝다'는 뜻 정도로 해석하면 될까요? 그만큼 배꽃의 흰빛은 비슷한 시기에 피는 다른 꽃에 비해 타의 추종을 불허할 만큼 순수한 흰색입니다. 또 이화학당의 '이화'가 '배꽃'에서 왔다는 설이 유력합니다. 이화학당은 현재 이화여자대학교의 전신이지요. 배나무는 흰 꽃과 더불어 잎에 윤채가 있는데 잎이 빛을 받으면 유난히 반짝입니다.

과실나무 중에 잎보다 꽃이 먼저 피는 매실나무, 살구나무, 자두나무, 복사나무는 모두 같은 속屬입니다. 잎과 꽃이 동시에 나오는 배나무와 사과나무는 각각 다른 속屬입니다. 배나무는 우리 이름의 유래가 정확하지 않습니다. 그러나 돌배나무, 산돌배나무, 콩배나무 등 다양한 접두어를 붙여서 다른 종으로 구분한 것으로 보아 어떤 특징적인 뜻이 있지 않을까 하는 생각이 듭니다. 배나무는 학명이 피루스 피리폴리아 쿨타*Pyrus pyrifolia var. culta*입니다. 속명 피루스는 배나무의 고대 라틴명에서 유래되었습니다. 종소명 피리폴리아는 배나무속, 즉 '피루스*Pyrus*와 잎이 비슷한'이라는 뜻으로 속명이 종소명에 다시 언급되었습니다. var.은 변종을 뜻하고 변종명 쿨타는 재배한다는 뜻입니다.

사과나무 '사과꽃' 피는 시기(4~5월)

사과나무는 꽃봉오리에 분홍색이 돕니다. 완전히 흰색인 배나무 꽃과는 이때부터 다르지요. 꽃이 피면서 분홍색은 점점 옅어져 흰색으로 됩니다. 또 잎은 표면에 털이 많고 윤채가 전혀 없습니다. 활짝 피어난 꽃으로 구분이 되지 않는다면 잎을 보면 바로 알 수 있습니다. 그리고 사과와 배는 꽃 피는 시기에 차이가 있습니다. 사과꽃이 같은 환경일 때 배나무꽃보다 조금 늦게 피어납니다.

사과나무는 예전에 대구 인근에서 많이 재배하였으나 요즘은 북상하여 중부지방에도 사과밭이 아주 많습니다. 오히려 대구는 이제 복숭아와 포도를 더 많이 재배합니다. 사과도 과실수로서 상당히 많은 품종이 있습니다. 예전에는 홍옥, 부사 등이 인기가 있었지만 요즘은 아오리, 홍로 등이 시중에 많이 나옵니다. 어릴 적 부사만 키우던 사과밭이 있었는데 지금은 복숭아밭으로 바뀌었습니다. 늘 부사를 먹어서 그런지 지금도 저는 부사를 제일 좋아합니다.

사과를 옛 어른들은 능금이라고 부르기도 했습니다. 능금나무는 사과나무의 이명으로 지금껏 불리기도 합니다. 사과나무의 학명은 말루스 푸밀라*Malus pumila*입니다. 말루스는 사과의 그리스어 말론malon에서 유래되었습니다. 종소명 푸밀라는 '키가 작은' 또는 '작은'이라는 뜻이라고 합니다.

지금의 재배하는 사과나무를 떠올리면 어디가 작다는 것인지 연상시키기 어렵습니다. 키도 다른 나무들에 비해서 작은 편이 아닙니다. 수확을 용이하게 하기 위해서 요즘은 키를 작

게 키우는 경우가 많지만, 자연스럽게 자라도록 그냥 내버려
두면 상당히 크게 자라는 나무입니다. 그러나 한가지, 자생하
는 사과나무속의 야광나무나 아그배나무는 열매가 작습니다.
아그배나무는 이름은 배나무이지만 사실은 사과나무속입니
다. 가끔 이름 때문에 속는 경우가 있습니다.

사과나무류에는 과일을 수확하기 위한 품종들도 많지만 예
쁜 꽃을 보기 위한 관상용 품종들도 있습니다. 흔히들 꽃사과
나무로 통칭하여 부르는 벚잎꽃사과나무, 퍼플웨이브 등이 있
습니다. 나무는 아주 비슷하지만 꽃이 약간씩 차이가 있습니
다. 이들을 굳이 따로 부르기보다 꽃사과나무로 함께 불러도
틀린 것은 아닙니다.

주변에서 쉽게 볼 수 있는 과실나무의 이름들은 대체로 쉽
습니다. 그러나 나무를 구분하기란 쉽지가 않지요. 이들은 대
체로 향기롭고 아름다우며 단아한 매력을 가졌습니다. 매화가
피면 그 꽃이 사람을 불러 모읍니다. 먼 길을 달려 기꺼이 매화
를 보러 가지요. 흔히들 꽃을 알현하러 간다고 하기도 합니다.
그만큼 고귀하게 그 지체를 높인다는 뜻입니다. 사람의 마음을
달뜨게 만드는 복사꽃이 피면 지나가다가도 발길이 저절로 멈
추어집니다. 꽃이 잔뜩 달린 가지 하나를 살며시 잡고 꽃과 함

께 춤이라도 추고 싶어집니다. 그런 꽃들이 멀지 않은 곳에 있으니 누릴 수 있는 봄이 참 다양합니다. 이런 과실수들이 꽃 피기까지는 하늘이 도와야 하고 농부의 수고가 보태져야 합니다. 봄이면 갖가지 과실수가 꽃 피어 전국을 수놓습니다. 그 이름을 다 불러주지는 못해도 이 정도만이라도 기억하면 어떨까요?

매화가 지면 매실이 달리고, 오얏꽃이 지면 자두가 열리고, 복사꽃이 지면 복숭아가 자라며, 이화가 지면 배가 자란다는 것 정도만이라도 기억하면 좋겠습니다.

겨우 살아서,
겨우내 살아서

이름 ◦ 겨우살이
뜻 ◦ 푸른 잎으로 겨울을 살아서 또는, 기생하며 겨우 살아서
주 서식 지역 ◦ 산지 숲속 각종 활엽수에 기생합니다.
꽃피는 시기 ◦ 봄(3~4월)

겨울을 당차게 살아내서 겨우살이일까요? 남의 영양분을 빼앗으며 겨우겨우 살아남아서 겨우살이일까요? 둘 다 맞는 말입니다.

겨우살이라고 이름 붙은 식물은 모두 다른 나무에 붙어서 그 줄기에 뿌리를 박고 영양분을 빼앗으며 살아갑니다. 겨울 동안에도 푸른 잎과 줄기로 광합성을 하면서 생생하게 살아내지요. 어디 잎뿐일까요? 열매도 겨울이 되어야 그 색이 진가를 발휘합니다. 그렇다면 우리나라에 겨우살이라는 이름을 가진 식물은 어떤 것들이 있을까요?

이름에 접두어가 없는 '겨우살이'는 내륙에서 가장 흔합니다. 겨우살이와 동일한 형태로 붉은 열매가 달리는 붉은겨우살이가 있습니다. 겨우살이 품종으로 분류되며, 따라서 이 둘은 아주 아주 가까운 친척입니다. 꼬리겨우살이과에 속하는 꼬리겨우살이가 또 있습니다. 이는 겨우살이와는 달리 긴 꼬리 형태로 열매가 줄줄이 매달리고 잎은 가을에 모두 낙엽이 되어 떨어집니다. 같은 과에 속하는 참나무겨우살이가 있는데 이름으로 보면 참나무를 닮거나 참나무에만 붙어 자란다고 오해하기 쉽습니다. 참나무겨우살이는 제주도에서 흔히 만나지며 잎은 보리장나무를 닮았고 구실잣밤나무나 동백나무 등 상록수에 기생합니다. 참나무과인 구실잣밤나무에 기생하기도 하니 참나무겨우살이라는 이름이 영 엉뚱하지는 않겠군요.

마지막으로 동백나무겨우살이가 있습니다. 동백나무겨우살이가 다른 겨우살이와 크게 다른 것은 잎이 퇴화하여 줄기 마디에 돌기로 달려 있다는 것입니다. 물론 줄기는 겨울에도 초록색을 유지합니다. 동백나무겨우살이도 동백나무를 닮거나 동백나무에만 기생하나 궁금할 수 있습니다. 그러나 동백나무를 닮은 구석은 전혀 없고 동백나무를 비롯한 상록활엽수에 기생하는 식물입니다. 광나무며 조록나무, 사스레피나무 등 여러 종류의 나무에 기생하지요.

특정 식물에게 사람들의 관심이 집중적으로 쏠릴 때가 가끔 있습니다. 바로 몸에 좋다고 소문이 날 때지요. 오래전에는 벌나무 또는 봉목이라고 하여 산겨릅나무가 수난을 겪었고 봉삼이라고 하여 백선이 수난을 겪은 적도 있습니다. 여전히 인터넷상에서 다양한 효능이 있는 민간요법의 약재로 거래되고 있습니다. 그 내용을 읽어보면 거의 만병통치약입니다. 이런 수난을 겨우살이도 피해 가지 못했습니다. 겨우살이가 키 큰 나무의 높은 가지에 붙어사는 경우가 많기 때문에 채집을 위해서 숙주 나무들까지 자르는 사태도 벌어졌지요. 그 불똥이 결국 남쪽 섬지방까지 번졌습니다.

한창 겨우살이 붐이 일어나기 시작했을 즈음 남쪽 섬에 다녀온 적이 있습니다. 숲길을 걷다 보면 바닷바람을 맞으며 서 있는 키 작은 상록수에 동백나무겨우살이가 흔하게 달려 있었습니다. 보려고 노력하지 않아도 저절로 보였지요. 그래서 동백나무겨우살이가 그 섬에는 아주 흔하다는 것을 알았습니다. 그리고 몇 해 후, 지인 중 몇 분이 동백나무겨우살이를 그 섬 어디쯤 가면 볼 수 있냐고 물었습니다. 그래서 대략적인 위치를 알려주면서 그랬지요. "길을 걷다 보면 안 볼 수가 없어요. 아주 흔하게 있어요. 동백나무겨우살이라고 동백나무에만 달리는 게 아니에요. 주변 상록수를 다 살펴보세요"라고요. 그러나 그 말은 거짓말이 되어버렸습니다. 제가 알려준 위치를 따라 열심히 살피며 걸었지만 결국 만나지 못했다고 하더군요. 대신 되돌아 나오는 길에 항구에서 실컷 봤다고 했습니다.

라면박스에 얌전히 들어차 누워있는 동백나무겨우살이의 몸값이 꽤 비쌌다더군요. 겨우살이가 다양한 효능이 있는 것은 사실입니다. 동의보감에도 나와 있으니까요. 하지만 몸에 좋다고 소문이 나면 그렇게 흔하던 식물이 찾아보기 어려울 만큼 사라져 버리는 것을 동백나무겨우살이를 통해 경험했지요. 이름으로 인해 애꿎은 동백나무까지 치명적인 피해를 입지는 않았는지 마음이 쓰였더랬습니다.

겨우살이라는 이름을 가진 기생식물이 몇 종류가 있지만 그중에서 가장 쉽게 떠올리는 '겨우살이'는 학명이 비스쿰 알붐 루테스켄스*Viscum album* var. *lutescens*입니다. 속명 비스쿰은 라틴어 비스쿰viscum에서 유래되었는데 열매의 끈적한 점성 때문에 붙은 이름입니다. 알붐은 흰색이라는 뜻으로 유럽산 겨우살이는 열매가 흰색입니다. 서양에서는 겨우살이 아래에서 키스를 하면 사랑이 이루어진다고 하기도 하고, 겨우살이 아래에서는 허락 없이 상대에게 키스해도 된다는 이야기가 있습니다. 겨울 동안에도 하얀 열매와 잎이 달려 있어서 크리스마스 리스로도 많이 활용되지요. 알붐 다음에 오는var.은 변종을 뜻하고, 루테스켄스는 '연한 노란색의' 또는 '다소 황백색이 도는'이라는 뜻으로 역시 열매의 색을 나타냅니다.

붉은겨우살이의 학명은 비스쿰 알붐 루브롸우란티쿰*Viscum album f. rubroauranticum*으로 품종으로 구분되어 있습니다. f.는 품종 이란 뜻이고 품종명 루브롸우란티쿰는 주홍색 정도로 생각하면 됩니다. 결국 붉은 열매가 달린다는 뜻이지요. 이렇듯 겨우살이는 열매의 색으로 그 학명이 정해졌습니다. 겨우살이도 붉은겨우살이도 공통된 특징은 속명의 뜻처럼 열매의 과육에 끈적끈적한 점성이 있다는 사실입니다.

한겨울 초록이 사라진 낙엽활엽수 숲속에서 겨우살이는 푸른 잎을 유지하고 광택 나는 열매를 뽐내며 새들을 기다립니다. 잘 익은 열매들이 달린 겨우살이의 무성한 가지 속에 여러 겨울 철새와 텃새들이 찾아듭니다. 동박새가 숨어 있으면 잎과 비슷한 색이라서 쉽게 눈에 띄지 않습니다. 대표적인 텃새인 직박구리도 겨우살이의 열매를 좋아합니다. 겨울 철새인 홍여새, 황여새도 겨우살이의 얼기설기 빽빽한 가지 속에서 열매를 탐합니다.

다양한 새가 많이 올수록 겨우살이에게는 유리합니다. 새가 열매를 먹고 다른 나무로 날아가서 배설하면 그 배설물이 나무줄기에 붙도록 하는 것이 과육이 가진 점성입니다. 새의 소화기관을 통과한 겨우살이 씨앗은 납작하면서도 약간 통통합니다. 씨앗 한쪽에서 작은 발 같은 초록색의 기생뿌리가 나옵니다. 여려 보이지만 굉장히 강력한 힘을 가졌습니다. 나무를 향해 구부러져서 딱딱한 수피를 뚫고 나무속에 박히게 되지요. 그리고 그 자리에 정착합니다. 종종 목책이나 난간 등 생명이 없는 나무에 배설물이 떨어지는 경우도 있습니다. 그렇다 해도 씨앗은 발아하여 기생뿌리가 나옵니다. 그러나 죽은 나무에서는 영양분을 공급받을 수 없기 때문에 결국 죽게 됩니다.

겨우살이는 참나무과에 흔하게 붙어 있는 것을 볼 수 있습니다. 그러나 꼭 참나무에만 기생하는 것은 아닙니다. 우리나라 숲에 참나무 종류가 많고 새들이 먹이를 먹고 다시 참나무에 배설할 확률이 높습니다. 따라서 다른 나무들에 비해 유난히 겨우살이가 많이 붙어 있을 뿐입니다. 겨우살이는 다양한 나무에 기생합니다. 겨우살이 여럿이 달라붙은 귀룽나무도 있고, 대여섯 개체의 겨우살이들이 달린 야광나무도 종종 보입니다. 참나무 못지않게 수많은 겨우살이를 머리에 이고 사는 사스래나무도 더러 있습니다. 이 외에서 까치박달, 느티나무, 자작나무, 버드나무, 올벚나무 등 다양한 나무에 기생합니다.

겨우살이는 사실 반기생식물입니다. 다른 나무들은 잎이

떨어진 겨울날에도 겨우살이는 초록색 잎과 줄기로 광합성을 해서 영양분을 만들 수 있습니다. 남의 영양분을 빼앗는 것과 자신이 영양분을 만드는 일을 병행하지요. 그렇다면 기생 당한 나무는 어떻게 될까요? 겨우살이가 붙은 자리에 종양이 생깁니다. 겨우살이가 자라면 자랄수록 종양은 점점 커지고 물관과 체관이 기형이 되어 제 역할을 하지 못하게 됩니다. 결국 겨우살이가 붙은 자리부터 그 윗부분은 가지가 말라 죽게 됩니다. 나무에 종양을 만드는 겨우살이가 악성 종양을 치료하는 데 도움이 된다고 하니 이런 걸 두고 아이러니라고 하는 걸까요? 어쩌면 겨울을 대차게 살아내는 모습에서 더욱 강인한 약효가 있을 거라는 사람의 기대심리가, 그 효과를 초과해서 작용하는지도 모르겠습니다.

겨우살이의 학명은 겨울에도 푸른 잎과 열매가 강조되었습니다. 그렇다면 이들의 꽃은 어떨까요? 겨울 동안 푸른색을 유지하며 잘 견뎠다가 봄이 되면 아주 특이한 모양의 꽃이 핍니다. 겨우살이는 암수 따로인 나무입니다. 4개 화피가 사방으로 열리고 그 속에 노란 꽃가루가 가득할 때 꿀벌들이 날아듭니다. 보통 꽃들은 꽃가루를 꿀벌의 몸에 묻히기 좋도록 수술대 끝에 달려 있습니다. 그러나 겨우살이는 꽃 안쪽 벽에 꽃가루들이 두툼하게 묻어 있습니다. 꿀벌은 역시 꽃가루를 채집하는

데 아주 베테랑들이지요. 수술대가 없다한들 문제가 되지 않습니다. 꽃이 핀 겨우살이에 꿀벌들이 어렵지 않게 활동하는 모습을 볼 수 있습니다. 겨우살이는 주로 높은 가지에 달리는 경우가 많아서 꽃을 관찰하기 쉽지 않습니다. 망원경으로 보면 가능하겠지만 꽃이 너무나 작아서 그것도 쉽지 않습니다. 그러나 꽃을 관찰할 방법은 있습니다. 하늘과 함께 땅을 살피면 됩니다. 높은 가지에 달린 겨우살이를 확인하고 거기에 꿀벌이 붕붕거린다면 그 아래 땅바닥에서 꽃을 찾으면 되지요. 종종 떨어진 줄기에 꽃이 달린 경우가 있습니다.

　겨우살이는 정말 겨우 살아가는 것일까요? 경기도 포천의 국립수목원에 가면 겨우살이를 많이 만날 수 있습니다. 특히 휴게광장에 많지요. 거기서 보면 겨우 사는 나무는 다른 나무들 같습니다. 특히 깡마른 겨울나무 두세 그루에 붙어 있는 십여 개가 넘는 겨우살이를 보면, 과연 누가 겨우 사는 것인지 헷갈립니다. 그렇게 자신들만의 세력을 유지하면서, 이동 수단으로 이용할 새들을 유혹하는 빛나는 열매를 가진, 때에 맞춰 꽃이 피고 잎이 나고 열매도 맺는, 겨울조차 찬란하고 푸르게 사는 나무. 그들이 바로 겨우살이랍니다.

버드나무에 대한
세 가지 오해

이름 ❧ 버드나무

뜻 ❧ 버들은 '벋다'에서 유래된 것으로 위로 쭉 뻗어 자라는
나무라는 뜻입니다.

주서식 지역 ❧ 전국의 물가에 자랍니다.

꽃 피는 시기 ❧ 봄(3~4월)

버드나무에 대한 오해가 있습니다. 그것도 세 가지나 되지요. 이 오해가 풀리면 버드나무가 달리 보일 것입니다.

버드나무는 우리나라에 아주 흔한 나무입니다. 버드나무과에는 수많은 종류가 있고, 버드나무과 버드나무속에도 수십 종의 나무가 있습니다. 살릭스*Salix*(버드나무속)들은 모두 아주 비슷합니다. 키가 작고 크고 꽃밥의 색이 좀 다르고 등의 차이점이 있기는 하지만 공통적인 특징에서 구별해 내기가 쉽지 않지요. 물론 식물학자들이나 식물 분류에 관심이 많은 사람은 작은 차이점으로 구분할 수 있습니다. 하지만 대부분 사람에게는 이 모든 나무가 다 버드나무로 보이고 또 실제로 그렇게 부릅니다. 어차피 다 같은 속屬이기 때문에 틀린 것은 아니지요.

첫 번째 오해를 풀어볼까요?

지금부터 버드나무는 살릭스*Salix*(버드나무속)를 일컫는 것으로 이해하시면 좋겠습니다. 버드나무는 물가를 좋아합니다. 속명 살릭스도 '물가를 좋아하는 나무'라는 뜻입니다. 고대 라틴명으로 캘트어 '가깝다'는 뜻의 살*sal*과 '물'이라는 뜻의 리스*lis*의 합성어입니다. 강이나 작은 개울, 호숫가 등 여러 장소에서 물과 아주 가깝게 자라지요. 한강변이나 낙동강변 등 우리나라의 큰 물줄기에 버드나무가 없는 곳이 없습니다.

봄이 오는 길목에서 버드나무들의 가지에 노르스름하게 물이 오릅니다. 유난히 계절 변화에 예민한 나무들입니다. 어린 가지들의 색이 바뀌는 것을 눈치채면서 봄이 온다는 걸 느낄 수 있습니다. 그다음부터는 변하는 속도가 아주 빠릅니다. 며칠 눈길을 주지 못한 사이에 파릇한 순이 돋아나고 하늘하늘한 연두색 커튼이 드리워지지요. 연두색보다 더 따뜻해 보이는 푸른색으로 어린 가지들도 물들게 됩니다. 종류에 따라 다르지만 가지가 늘어지는 능수버들 같은 경우는 더욱 아름답습니다. 하지만 꼭 그렇게 푸른 순이 돋아나는 것은 아닙니다. 따스한 햇살이 정수리에 닿으면 위로 모자를 조금씩 벗는 갯버들도 어느새 제일 먼저 은빛으로 반짝입니다. 갯버들이 꽃피는 모습을 두고 버들강아지라고도 부릅니다. 그만큼 앙증맞고 귀엽습니다. 수많은 털들이 '나도 여기 있어'라면서 햇빛을 이용해 존재감을 드러내지요. 그 털들이 살포시 일어나면서 수그루는 빨간색 꽃밥을 드러내고 암그루는 푸른색 작은 암술이 회색 사이에서 비집고 나옵니다. 버드나무의 수그루는 붉은 꽃밥을, 암그루는 연한 푸른색 암술을 달고 있습니다. 빨간 꽃밥이 터지면 노란 꽃가루들이 가득해집니다. 키버들은 암술이 붉은색이지요. 이렇게 아주 작은 부분에 조금씩 차이가 있는 버드나무들은 누구보다도 봄에 예민하게 반응합니다.

강가의 버드나무들이 봄이면 파릇파릇할 때 그것이 혹시 잎인 줄 아셨나요? 잎이 아닙니다. 봄의 물가를 지배하는 경쾌한 빛깔은 버드나무의 꽃이 좌우합니다. 그래서 시작부터 줄곧 꽃 이야기를 하고 있는 것입니다. 잎인 줄 아셨다면 지금까지 오해를 하신 겁니다. 버드나무는 잎보다 꽃이 먼저 핍니다. 이것이 버드나무에 대해 흔히 범하는 첫 번째 오해입니다.

두 번째 역시 꽃에 대한 오해입니다. 버드나무에 꽃이 피면 꿀벌들이 아주 좋아합니다. 큰 버드나무 아래에 서 있으면 벌들이 윙윙거리는 소리가 들립니다. 한두 마리의 벌이 날아다니면 그런 소리가 들리지 않지요. 버드나무 꽃이 만발했을 때 나무 아래에서 귀를 쫑긋 세워 보면, 지나가는 사람 소리나 흐르는 물소리에 묻혀 잘 들리지 않았던 꿀벌들의 날갯짓 소리를 들을 수 있습니다. 버드나무가 화려하진 않지만 아주 선명하게 눈에 띄는 꽃을 피우는 이유는 아주 간단합니다. 곤충을 유인하기 위해서지요.

버드나무는 꿀벌을 반드시 불러 모아야 합니다. 그래야만 꽃가루받이가 이루어지고 씨앗을 만들 수 있기 때문이지요. 즉 버드나무는 곤충이 중매하는 충매화라는 사실입니다. 소나무나 참나무처럼 바람에 꽃가루가 날리는 풍매화가 아닙니다. 사람들이 꽃가루로 오해하는 것은 바로 버드나무의 씨앗입니다. 아니, 더 정확하게 말하면 수많은 털이 씨앗을 품고 있는 모습이라 해야 옳습니다. 버드나무는 물가에 자라는 나무이기 때문에 털을 달고 있다고 해도 과언이 아닙니다.

버드나무는 물을 좋아하지만 씨앗이 발아하기 위해서는 흙이 있어야 합니다. 건실한 씨앗을 만들었다면 이제 땅으로 이동해야 하지요. 그러나 주변이 절반은 물입니다. 바람이 반대쪽으로 불면 좋겠지만 물 방향으로 불 때도 많습니다. 씨앗은 자기가 날아갈 타이밍을 스스로 선택할 수 없고 바람이 선택하지요. 그 바람의 힘을 빌려 강이나 호수를 건널 가능성도 있습니다. 그럴 때 씨앗을 감싼 털이 한몫 합니다. 더 오랫동안 공중에 떠서 더 멀리 날아갈 수 있는 시간을 벌어주거든요. 그렇게 바람의 힘에 기대어 자신의 장점을 잘 활용한 씨앗들은 엄마 품을 떠나 운이 좋으면 흙에 닿을 수 있습니다. 그러나 그렇지 못한 경우도 많지요. 그만 물 위에 떨어져서 이리저리 흘러다니기 일쑤입니다. 이때 씨앗에 물이 닿지 않도록 하는 것이 바로 털입니다. 물 위를 흐르는 바람을 타고 털은 씨앗을 보호하며 물 가장자리 흙으로 이동시킵니다.

이것이 버드나무 털의 역할이며, 버드나무 꽃가루가 날려서 알레르기를 일으킨다는 것은 사람들의 오해입니다. 버드나무의 하얀 털이 씨앗을 감싸고 나르는 계절에 재채기가 나고 코가 막히는 증상이 나타나기도 합니다. 하필 그 시절은 알레르기를 일으키는 다른 꽃가루들도 많이 날아다니지요. 혹시 털 알레르기가 버드나무 씨앗으로 인해 증상으로 나타날 수 있을지도 모르겠습니다. 그러나 버드나무 꽃가루가 알레르기의 주범은 아닙니다. 버드나무 꽃가루는 꿀벌을 비롯한 곤충이 이동시키고 씨앗이 바람에 날립니다.

따라서 버드나무로 꽃가루 알레르기가 생긴다는 것이 사람들의 두 번째 오해입니다. 단 사람에 따라서 꽃가루가 직접 호흡기에 닿지 않았는데도 그 철만 되면 알레르기 증상이 나타나는 사람들도 있긴 합니다.

세 번째 오해는 사람들의 마음입니다. 굳이 말하자면 오해라고 하기 어려울 수 있지만요. 버드나무는 앞서 언급한 것처럼 물만 있다면 어디서든지 자랄 수 있는 평범한 나무입니다. 드물게 자라서 만나기 어려운 나무들은 비록 못난 모양을 하고 있어도 귀히 대접받습니다. 그러나 환하게 잘 생기고 멋있는 버드나무는 봄에 잠깐 사람들의 마음을 설레게 할 뿐 알레르기 오해와 더불어 크게 환영받지 못하지요.

버드나무는 우리나라 문학에 자주 등장하며 많은 사랑을 받았습니다. 요즘도 시나 소설에 등장하는 경우가 있지요. 버드나무가 주인공이라기보다 주변의 풍경으로, 또는 휙 지나가는 나무로 등장하곤 합니다. 특별대우를 받지는 않지만 친숙한 나무라서 그렇겠지요. 또 버드나무 가지는 고전문학에서 이별의 정표로 자주 등장했습니다. 먼길 떠나는 연인, 친구, 가족에게 버드나무 가지를 툭 꺾어 선물로 주었다는, 이 마음을 가져가라는 이야기가 많이 등장합니다. 왜 그럴까요?

버드나무는 생명력이 강한 나무 중 하나입니다. 쉬 죽지 않습니다. 뿌리를 내리는 능력이 탁월하고 새순이 돋는 능력도 대단합니다. 아름드리 버드나무가 강한 태풍에 허리가 뚝 부러졌습니다. 몸통 전체가 땅바닥에 나자빠지고 수피 일부만 겨우 붙어 있는 상태지요. 이런 경우 상당수의 나무가 죽습니다.

그러나 버드나무는 얇게 붙은 일부의 수피만으로 살아남을 수 있습니다. 커다란 몸통 속에서 그동안은 숨을 죽이고 있던 눈芽(싹)들이 터져 나와서 위로 쭉쭉 자랍니다. 어디서나 잘 적응해서 살아가기도 하고 위기의 순간에도 포기하지 않고 살 방법을 모색합니다.

이런 버드나무의 가지를 꺾어 선물로 주었다는 건, 어디를 가든 어떤 어려움이 있든 잘 적응하라는 응원의 마음을 전한 건 아닐까요? 또 이 버드나무 가지에 곧 새순이 돋을 테니 그때 나를 생각해달라는 뜻은 아닐까요? 이렇게 애틋하고 간절한 마음을 담았던 버드나무가 세월이 흐르면서 꽃가루알레르기가 먼저 떠오르는 나무가 되어버려서 안타까운 마음입니다.

오랫동안 우리 곁을 지키고 살아온 버드나무의 특별한 이야기가 또 있습니다. 버드나무라는 이름은 버들과 나무의 합성어입니다. 버드나무속에 갯버들, 선버들, 능수버들 등으로 나무라는 이름이 붙지 않은 경우도 많습니다. 그래도 우리는 일일이 구분하기보다 다 버드나무로 부르곤 합니다. 그러나 이제 버드나무라는 하나의 종에 대한 이야기를 하려 합니다.

버드나무의 학명은 살릭스 피에로티*Salix pierotii*입니다. 살릭스는 앞서 말했듯이 '물을 좋아하는 나무'라는 뜻입니다. 종소명 피에로티는 네덜란드의 채집가 자크 피에로트Jacques Pierot의 이름에서 유래했는데 종소명이 사람 이름이지요. 버드나무에 이런 이름을 붙인 사람, 즉 명명자는 미켈Miquel로 역시 네덜란드인입니다. 학명은 명명자의 의도대로 붙여지는데 식물의 형태, 생태 등을 기반으로 하는 경우가 많습니다. 그러나 강제성은 없습니다. 따라서 명명자가 정하기 나름인데 미켈은 피에로트를 기념하고 싶었나 봅니다. 버드나무의 학명을 명명자까지 제대로 쓰면 *Salix pierotii* Miq.입니다. 우리나라에서 살아온 버드나무가 어쩌다 학명에 네덜란드인의 이름이 들어가고 명명자 또한 네덜란드인일까요?

1800년대 중반까지 우리나라의 식물들은 외국에 알려지지 않았습니다. 서양 식물학자들에게 우리나라는 호기심 가득한 곳이었을 것입니다. 러시아 함대가 우리나라에 왔고, 이후 미국과 영국도 앞다투어 한반도에 도착했습니다. 1854년 바론 알렉산더 슐리펜바흐Baron Alexander schlippenbach에 의해 서양에 소개된, 조선에서 채집해 간 최초의 식물 중에 철쭉을 비롯해 버드나무가 있었습니다. 이들이 우리나라 해안이나 도서지방에서 수집한 식물들은 네덜란드의 미켈Miquel, 러시아의 막시모위쯔 Maximowicz, 스웨덴의 안데르손Andersson에 의해 서구의 식물분류학계에 보고되었습니다. 1850년대 중반부터 서양인들에 의해 반출된 우리나라의 식물 중 다수가 신종이었습니다. 서양인들에 의해 명명되면서 우리나라 자생식물 도감에서 Miq., Maxim., Andersson이라는 명명자를 쉽게 볼 수 있게 된 것입니다. 1863년에는 영국인 채집가 리처드 올드햄Richard Oldham이 거문도의 식물을 채집했습니다. 역시 동양 식물을 연구하던 네덜란드의 미켈Miquel, F.A.W.에 의해 한국의 식물로서 국제학계에 소개되었습니다. 이런 몇몇 외국 채집가들의 활동은 한반도의 식물구계植物區系, 즉 식물의 분포지를 조사하여 같은 식물이 분포하는 곳과 그렇지 않은 곳을 구분하는 구역을 밝히는 데 초석이 되었습니다. 그 시대에 반출된 식물들은 영국의 큐 왕립 식물원 등, 러시아나 네덜란드의 표본관에 있습니다. 버드나무의 최초 표본도 결국 우리나라에 없다는 뜻입니다.

이명으로 분류된 버드나무의 학명 중에 살릭스 코렌시스 *Salix koreensis*가 있습니다. 이 학명의 명명자는 안데르손Andersson입니다. 이미 눈에 익은 이름이지요. 여기서 종소명은 코렌시스 *koreensis*는 '한국의'라는 뜻으로 한국에서 자라는 식물이란 뜻입니다. 그러나 살릭스 피에로티*Salix pierotii*가 정명이고 살릭스 코렌시스*Salix koreensis*는 이명입니다. 그 이유는 살릭스 피에로티는 1867년에 명명된 학명이며, 살릭스 코렌시스는 1868년에 명명된 학명이기 때문입니다. 선취권에 의하여 먼저 명명된 학명이 우선입니다. 1854년에 서양으로 건너간 버드나무가 정식으로 명명되는 데까지 13년이 걸렸습니다. 간혹 수목원이나 식물원에 가면 1년 늦게 명명된 코렌시스*koreensis*가 들어간 학명이 적힌 이름표가 보입니다. 공식적인 정명이 아니니 틀렸다고 해야겠지만 왠지 그러고 싶지 않은 마음이 듭니다. 거기에 우리의 흔적이 남아 있기 때문이지요.

이 이야기 끝에 머릿속에 버드나무가 다시 떠오를 것입니다. 이전과 버드나무에 대한 마음이 같은가요? 그렇지 않을 거라고 생각합니다. 별다른 생각 없이 그저 무심히 바라보던 그 마음이 오해였을 수 있습니다. 이런 지난한 버드나무에 대한 이야기를 알고서는 '별다른 생각 없이'가 아닐 것입니다. 오해라면 오해일 수 있고 아니라면 아닐 수 있는 감정이 해소되고 다시 봄을 맞이하게 되겠지요. 강가에 가득한 버드나무를 바라보는 당신의 마음이 어떨지 그때 가서 또다시 느껴보시길 바랍니다. 세 가지의 오해가 다 풀린 그때, 봄을 맞이하는 버드나무라는 이름의 생기발랄한 나무가 과연 어떻게 보일지 저는 무척 궁금합니다.

참나무과

갈참·졸참·신갈·떡갈·상수리·굴참, 낙엽활엽수 참나무 6형제

참나무의 '참'은 무슨 뜻일까요? 사전적 의미로 보자면 참나무
는 '품종이 좋은 나무'라는 뜻이 됩니다. 그 의미가 모호하고 광
범위합니다. 어떤 부분에서 좋다는 것인지 분명하지가 않습니
다. 이 속屬에 속하는 어느 종의 라틴명에서 유래된 속명 쿠에
르쿠스*Quercus*는 질이 좋은 재목材木(건축이나 기구 등을 만들 때 쓰이
는 나무)이라는 뜻의 합성어입니다. 쿠에르쿠스의 뜻과 '참'이라
는 접두어가 서로 통하는 셈이지요.

참나무로 숯을 만들면 참숯이라고 부릅니다. 참취는 취의
으뜸이라는 뜻이 있고 참나물은 나물 중에 최고라는 뜻을 품
고 있습니다. 도토리도 오래전부터 식재료로 사용하였으니, 참
나무의 '참'은 아마 한 가지에 국한되지는 않을 것입니다. 다양
한 분야에서 나무로서 품질이 우수하다는 뜻일 테지요.

흔하디흔한 나무지만 참나무는 항상 어렵습니다. 다 알았다 싶었다가도 또다시 모르겠다 싶은 것이 참나무과입니다. 우리나라에 참나무과 식물은 참 많습니다. 크게 두 부류로 나누자면 낙엽활엽수와 상록활엽수로 나눌 수 있지요.

낙엽활엽수는 다양한 책과 매체에서 소개된 대로 참나무과 6형제입니다. 상록활엽수는 제주도를 비롯한 남해안 지방이나 섬 지방에 주로 자라는데 구실잣밤나무와 모밀잣밤나무가 속하고 가시나무류가 참나무과에 속합니다. 가시나무류에는 가시나무, 개가시나무, 붉가시나무, 종가시나무 등 몇 종이 더 있습니다. 이런 상록활엽수는 내륙에서는 볼 수가 없습니다.

반대로 낙엽활엽수에 속하는 참나무과의 나무들은 안 보려 해도 안 볼 수가 없지요. 동네 뒷산이며 먼 산 중턱이며 어딜 가나 만나집니다. 참나무라고 불리는 그들을 빼버린다면 우리나라의 산들은 지나치게 듬성듬성해질 것입니다. 그렇게 흔히 보면서도 그들을 구분하기는 쉽지가 않습니다. 또한 이들은 자연교잡이 꽤 잘 이루어진다고 알려져 있지요. 따라서 이도 저도 아닌 애매한 형태를 한 나무들이 가끔 보이기도 합니다. 그렇다 해도 6종의 기본 참나무과 낙엽활엽수가 제일 흔한 건 사실입니다. 내륙 지방에서는 동네 뒷산에만 가도 6종 모두 볼 수 있는 곳이 많습니다. 대체로 비슷한 환경을 좋아해서 함께 어울려 자라는 모습들을 쉽게 볼 수 있는 것이지요. 약간의 차이로 그들을 구분하려면, 알아보려는 의지와 재미나게 한참 들여다볼 수 있는 시간적, 정신적 여유가 필요합니다.

참나무과 낙엽활엽수 6종은 갈참나무, 졸참나무, 신갈나무, 떡갈나무, 상수리나무, 굴참나무입니다. 이들은 모두 1784년부터 1862년 사이에 학명이 명명되었습니다. 이미 이전에 이 속屬은 꽃의 황제 칼 폰 린네에 의해 나뉘어져 있었습니다.

6형제 이름 이야기

갈참나무는 그 이름에 대한 어원이 정확하지 않습니다. 가을에 잎이 떨어지는 나무를 갈잎나무라고도 합니다. 잎을 갈아치운다는 뜻이 포함된 거지요. '살랑살랑 가랑잎 엽서 띄운다'라는 동요 가사의 가랑잎도 갈잎과 뜻이 다르지 않습니다. 갈참나무의 '갈'이 이와 같은 뜻을 지녔다고 추정하기도 합니다. 또 도토리가 달리는 계절인 가을을 뜻한다는 이야기도 있습니다.

졸참나무는 열매가 왜소하고 작은 데서 유래되었다고 보고 있습니다. 그래서 흔히 졸병참나무라는 애칭으로 불리기도 하지요. 작은 졸참나무 도토리가 묵을 쑤었을 때 가장 맛있다는 말도 있습니다. 그러나 실제로 다양한 도토리를 채집할 수 있다면 모두 섞은 채로 묵을 만드는 경우가 흔합니다.

신갈나무는 짚신의 신발창으로 쓰였다는 것을 이름의 유래로 보는 경향이 큽니다. 또는 신발창으로 쓸 수 있을 만큼 큼지막한 잎을 가진 것에서 유래되었다고 여겨지기도 합니다.

떡갈나무는 떡을 찌거나 떡을 감싸는 나무라고 흔히 알려져 있습니다. 넓은 잎을 덮개로 사용했다는 뜻에서 이름이 유래되었다고도 합니다. 실제로 같은 환경에서 자란 참나무류 중에서 떡갈나무의 잎이 가장 크긴 합니다. 뭔가를 감싸거나 덮개로 이용하기에 보다 용이할 수 있겠지요.

상수리나무는 임진왜란 때 선조가 항상 상수리나무 묵을 수라상에 올리라고 해서 상수리나무로 불리게 되었고, 그것이 민간에 전해졌다고 합니다. 또 항상 수라상에 올라가던 도토리묵의 재료로 쓰였다 하여 '상수라'에서 상수리나무가 되었다는 설도 있습니다. 그러나 정확한 근거는 찾기 어렵습니다. 상수리나무의 도토리가 임진왜란이라는 전쟁 중에 수라상에 올랐다면, 그 이유는 민가의 가장 가까운 곳에서 쉽게 구할 수 있는 도토리였기 때문일지도 모릅니다.

마지막으로 굴참나무는 껍질을 지붕에 활용했는데 이렇게

만든 집을 '굴피집'이라고 합니다. 여기서 '굴'이 굴참나무를 뜻합니다. 또, 굴참나무는 비교적 코르크가 다른 종류보다 발달해 있으며 골이 깊게 파이는 것이 특징인데, '골이 깊은 참나무'라는 뜻에서 굴참나무가 되었다고 추정하기도 합니다. 이렇듯 참나무의 이름에는 여러 유래가 있습니다. 어떤 것이 더 객관적 근거가 있는지도 중요하겠지만, 나무의 이름과 그들의 생김생김을 연결해서 기억하는 것도 괜찮은 방법일 것입니다.

저는 이름도 비슷하고 생김새도 비슷한 참나무들 중에서 어떤 나무들이 서로 더 비슷한지 알아보려 합니다. 사람에 따라 나무를 구분하는 기준이 다를 수 있겠지만 주관적인 시각으로 이들을 바라보고 싶은 마음이 들었거든요. 이 중에서 갈참나무와 졸참나무가 비교적 비슷합니다. 그리고 신갈나무와 떡갈나무가 비슷하지요. 마지막으로 상수리나무와 굴참나무가 비슷합니다. 생김새가 비슷한 나무들끼리 비슷한 이름을 가졌다면 차라리 좋았을 것을 애석하게도 그렇지 못합니다. 이름으로만 보자면 굴참나무가 갈참나무나 졸참나무와 비슷할 것 같지만 그렇지가 않습니다. 그래서 더욱 헷갈릴 수밖에 없습니다. 비슷한 나무들의 차이점을 알아보기 전에 먼저 이들의 번식법부터 살펴보겠습니다.

참나무 형제들의 번식법

이들 6종은 같은 과, 같은 속屬에 속하기에 공통점이 많습니다. 그중 간단한 공통점을 들자면 모두 원줄기가 분명하고 키가 크게 자라는 교목이라는 것입니다. 졸참나무가 졸병참나무로 도 불린다고 해서 키가 작은 것은 아닙니다.

꽃은 모두 암꽃과 수꽃이 같은 나무에서 따로 달리며 시기 도 약간의 차이가 있습니다. 수꽃은 봄에 잎과 함께 나옵니다. 수도 없이 촘촘하던 꽃이 나오는 즉시 아래로 조금씩 꼬리처 럼 늘어지지요. 그래서 꼬리 미尾 자를 써서 미상화서라고 합니 다. 늘어지면서 간격을 벌리고 꽃이 피기 시작합니다.

수꽃은 바람에 의해 꽃가루가 날리는 풍매화입니다. 그래 서 곤충을 유인할 필요가 없으므로 꽃잎이 뚜렷하지 않고 색 깔도 드러나지 않으며 향기도 없지요. 대신 어마어마하게 많 은 꽃가루를 만들어 냅니다. 숲 바닥에 노랗게 그림을 그릴 정 도로 수많은 꽃가루를 날려 보내지요. 자신의 의지대로 이동할 수 없기 때문에 거의 대부분의 꽃가루는 제 할 일을 못 하고 사 라지게 됩니다. 수꽃이 꽃가루를 날리고 나면 암꽃이 같은 나 무에서 피어납니다. 암꽃과 수꽃이 꽃피는 시기를 달리하는 것 은 자가수분(제꽃가루받이), 즉 근친교배를 막기 위한 수단입니다. 암꽃은 너무나 작고 꽃다운 구석이 없어서 꽃으로도 보이지 않습니다. 수꽃이 한꺼번에 일시적으로 꽃을 피우는 것 같지만 조금씩 차이가 있습니다. 모든 나무가 같은 시기에 "자, 지금부터 우리 다 같이 꽃을 피우자. 하나, 둘, 셋" 하고 한 날 한 시에 꽃을 피우고 꽃가루를 날리지 않습니다. 어떤 나무는 어제 가장 많은 꽃가루를 날렸고, 어떤 나무는 오늘 대부분의 꽃가루를 날렸지만, 어떤 나무는 내일 꽃가루를 날릴 예정인 나무들도 있습니다. 모든 꽃이 같은 시절, 비슷한 시기에 꽃 필 뿐 그 꽃들이 모두 동시에 피지 않는다는 것이지요. 그렇기 때문에 수꽃보다 조금 늦게 핀다고 해도 암꽃은 다른 개체에서 날아오는 꽃가루를 운이 좋으면 받을 수 있습니다. 여기서 반드시 운이 좋아야 한다는 단서가 붙습니다.

자생식물이 자신의 유전자를 이동시킬 수 있는 경우는 딱 두 가지뿐입니다. 꽃가루와 씨앗입니다. 키가 크고 잎도 크지만 공교롭게도 암꽃은 너무나 자그마합니다. 일부러 작정하고 들여다봐도 알아보기 힘들 정도로 작지요. 그런 작은 꽃이 아주 미세한 꽃가루를 무사히 받는 것을 두고 운이 좋았다는 것 말고 그 어떤 말로 설득할 수 있을까요? 더구나 운반을 바람에다 맡겨야 하니 더욱 그렇습니다. 바람이 항상 나무가 원하는 대로만 불어주지는 않으니까요.

꽃가루가 암꽃에 내려앉아 성공적으로 수정이 되면 쪼끄마한 도토리들이 자라기 시작합니다. 부드럽고 말갛던 잎들은 점점 자라서 색이 짙어지고 숲의 그늘을 두텁게 만듭니다. 어릴 때 털이 많던 종류들은 털이 점점 줄어들기도 하고 떡갈나무는 털을 유지합니다. 여름이 되면, 종류마다 열매의 모양과 각두(깍정이)의 모양이 다르긴 하지만 우리가 말하는 도토리들이 진한 초록색으로 윤이 나며 영글어 갑니다. 도토리들이 충분히 자랐을 늦여름이면 도토리거위벌레(거위는 가위라는 뜻으로 주둥이에 나무를 자를 수 있는 가위가 달린 벌레)의 공격을 받습니다. 도토리 속에다가 알을 낳고 애벌레가 충분히 자라면 땅속으로 들어갈 수 있도록 하기 위해서, 알을 낳은 도토리가 달린 가지를 몇 장의 잎과 함께 잘라서 땅바닥으로 떨어트립니다. 그래서 우리는 그 시절 참나무가 많은 숲에서 땅바닥에 떨어진 수많은 참나무 가지를 보게 됩니다. 이런 공격을 받는 것에도 예외는 없습니다. 보다 많이 분포하는 종이 많은 공격을 받게 됩니다.

도토리거위벌레의 공격에서 무사히 살아남은 도토리들이 나무에서 잘 영글어 가을이 되면 나무 아래로 떨어집니다. 바람이 많이 부는 날이면 우박 떨어지듯이 사방에서 도토리가 떨어지는 소리를 들을 수 있지요. 가끔 사람의 머리에다 꿀밤을 먹이기도 합니다. 이후 이들은 땅속에 뿌리를 내리고 껍질이 터지면서 자신의 생을 시작하게 됩니다. 모두 같은 전략으로 같은 방법으로 자손을 남깁니다. 그렇게 극소수가 무사히 큰 나무로 자라게 됩니다. 그들은 종에 따라 봄에 새순이 날 때부터 형태의 차이가 있고 그 차이에 따라서 전략이 세밀하게 서로 다른 부분도 있을 것입니다. 세밀한 전략이야 신비감을 위해서 조금 남겨둔다손 치더라도 사람들은 그 생김새의 차이를 궁금해 합니다. 저 역시도 궁금했습니다.

갈참나무와 졸참나무의 생김새

갈참나무와 졸참나무는 비슷하지만 비슷하지 않습니다. 봄부터 서로 다르거든요. 겨울눈이 터지고 잎과 꽃이 날 때부터 다르다는 것입니다.

나뭇잎을 생각할 때 고정관념을 버릴 필요가 있습니다. "나뭇잎은 푸르다"는 맞는 말입니다. 그러나 "모든 나뭇잎은 푸르다"는 틀린 말일 수도 있다는 걸 기억해야 합니다. 나무의 전략에 따라서 또는, 그 시기에 따라서 다를 수 있지요.

갈참나무는 어린잎에 꽤 진한 갈색이 돕니다. 갈참나무의 '갈'을 기억하면 조금 쉬워집니다. 갈참나무의 학명은 쿠에르쿠스 알리에나*Quercus aliena*인데 종소명 알리에나의 뜻은 '연고가 없는, 변한, 다른'입니다. 그리고 잎에 털이 약간 있습니다.

졸참나무의 '졸'은 흔히 졸병에 비유하고 앳된 졸병의 상기된 볼처럼 귀엽게도 어린잎에 분홍색이 돕니다. 특히 가장자리 주변으로 그 색이 더욱 진하게 나타납니다. 털은 갈참나무보다 많은데 잎에 누운 털이 엄청나게 많습니다. 졸참나무 잎의 크기가 갈참나무보다 현저히 작지만, 가장자리의 톱니는 더 날카롭습니다. 학명 쿠에르쿠스 세르라타*Q. serrata*에서 종소명 세르라타는 '톱니가 있다'는 뜻입니다. 이후 점점 자라면서 갈참나무도 졸참나무도 갈색과 분홍색이 없어지고 초록색으로 바뀝니다. 털도 점차 줄어들지요.

열매는 비늘조각이 켜켜이 쌓인 각두 속에 엉덩이를 들이밀고 있습니다. 갈참나무는 땅딸막한 타원형이고 졸참나무는 보다 가늘고 날씬한 타원형으로 총알을 닮았습니다. 아직 총을 잘 다루지 못하는 졸병이 어찌할 줄 몰라서 만지작거리는 총알 같습니다.

신갈나무와 떡갈나무의 생김새

신갈나무와 떡갈나무도 비슷하지만 비슷하지 않습니다. 이들도 봄부터 다른 모습을 보입니다. 신갈나무는 전형적으로 푸른 잎이 나옵니다. 그러나 떡갈나무는 붉은빛이 도는데 밝은색이 강해서 분홍색으로 보이기도 합니다. 또 신갈나무는 털이 약간 있으나 육안으로 금방 알아보기 힘들고, 떡갈나무는 졸참나무와 마찬가지로 잎 전체에 누운 털이 아주 빽빽합니다. 이후 잎이 다 자라서 붉은색이 없어지고 커다란 초록색이 되어도 털이 남아 있습니다.

둘 다 봄에 새순이 돋기는 하지만 그 시기에 차이가 있습니다. 신갈나무가 비교적 일찍 잎이 나고 떡갈나무는 그 시기가 좀 늦습니다. 물론 같은 환경에 살 때의 경우입니다. 참나무류가 많은 산에 봄이 오면 가장 먼저 숲을 푸릇푸릇하게 하는 나무가 바로 신갈나무입니다. 그 즈음에 떡갈나무는 가까이 다가가야만 알아볼 수 있는 정도지요. 또 산에는 신갈나무가 훨씬 더 많습니다. 넓은 지역에 비교적 많이 분포하지요.

신갈나무의 학명은 쿠에르쿠스 몽골리카*Q. mongolica*이며 종소명 몽골리카로 보아 몽골에도 분포한다는 것을 알 수 있습니다. 떡갈나무는 학명이 쿠에르쿠스 덴타타로*Q. dentata* 종소명 덴

타타는 '이빨 모양의'라는 뜻입니다. 떡갈나무의 잎 가장자리의 톱니가 곡선으로 둥글러져 있는데 종소명과 잘 어울립니다.

열매는 비교적 쉽게 구분할 수 있습니다. 신갈나무는 갈참나무와 졸참나무처럼 비늘조각이 기왓장처럼 켜켜이 쌓인 각두를 가졌지요. 떡갈나무의 각두는 비늘조각이 길고 뽀족하며, 만지면 부드럽고, 뒤로 젖혀져 있다는 것이 다릅니다.

상수리나무와 굴참나무의 생김새

상수리나무와 굴참나무는 봄부터 차이를 알아보기가 쉽지 않습니다. 앞의 네 종류는 잎이 모두 비슷한 형태를 하고 있습니다. 도란형(거꿀달걀모양, 거꾸로 세워진 달걀모양)이고 가장자리에 큰 톱니들이 있습니다. 그러나 상수리나무와 굴참나무는 길쭉한 타원형입니다. 일단 이것으로 다른 잎들과 구분할 수 있습니다.

그렇다면 상수리나무와 굴참나무의 잎은 어떻게 구분하면 좋을까요? 지금까지는 언급되지 않은 방법으로 구분이 가능합니다. 생각보다 의외로 간단한데 잎을 뒤집어보면 됩니다. 뒷면의 색이 서로 다릅니다. 상수리나무는 앞면보다는 약간 노란색이 도는 초록색입니다. 얼핏 보면 큰 차이를 느끼기 어렵지요. 잎 앞뒷면이 약간의 차이는 있으나 '비슷하다'라고 해도 무방할 것입니다. 그러나 굴참나무는 잎의 뒷면이 앞면과 색이 많이 다릅니다. 앞면을 초록색이라고 보면 뒷면은 분녹색(흰색이 분처럼 섞인 녹색)으로 흰빛이 많이 돕니다. 이 특징만 기억하면 상수리나무와 굴참나무는 헷갈릴 일이 없습니다. 왜냐하면 한여름이 되어도 이들은 이 특징을 잘 유지하기 때문입니다. 그러니 길쭉한 타원형의 잎을 가진 참나무류를 만나면 무조건 잎을 뒤집어 보는 것으로 간단히 구분할 수 있습니다. 또 상수리나무의 잎끝이 더 날카롭게 뾰족합니다.

상수리나무의 학명은 쿠에르쿠스 아쿠티씨마*Q. acutissima*이고, 종소명 아쿠티씨마는 '가장 날카로운'이라는 뜻으로 잎 모양으로 볼 때 참나무과 6종 중 그 특징과 가장 부합된다고 볼 수 있습니다.

둘의 열매는 아주 비슷합니다. 꽃이 핀 이듬해 가을에 열매가 익습니다. 굴참나무의 학명은 쿠에르쿠스 바리아빌리스*Q. variabilis*이며 종소명 바리아빌리스는 '변하기 쉬운'이라는 뜻인데, 도토리와 관련 있습니다. 해걸이를 통해 도토리의 생산량이 일정치 못한 것에서 유래된 것이라고 합니다. 상수리나무와 굴참나무 모두 각두의 비늘조각이 뾰족하고 길며, 불규칙하게 뒤로 젖혀집니다. 이 부분에서 떡갈나무의 열매와 비슷하다는 생각을 할 수 있습니다. 그러나 상수리나무와 굴참나무는 젖혀지는 각두의 비늘조각이 두껍고 목질이며, 가느다란 나뭇가지를 만지는 느낌이 듭니다. 그에 비해 떡갈나무는 비늘조각이 얇고 종이를 만지는 것 같은 느낌입니다.

이렇듯 비슷한 것 같지만 서로 다른 참나무과의 낙엽활엽수들은 사람과 떨어지려 해도 떨어질 수 없는 가까운 곳에서 함께 살고 있습니다. 오천만 인구보다 훨씬 더 많은 참나무가 우리 주변에 있지요. 그리고 그들을 만나기 위해서는 따로 약속을 할 필요도 없습니다. 그저 일방적으로 찾아가더라도 그들은 항상 그 자리에서 기다리고 있으니까요. 그러니 이들과 좀 더 친해져 보면 어떨까요? 봄이 되면 꽃으로 여겨지지 않는 꽃이 피는 모습을 저는 하루에도 몇 번씩 올려다봅니다. 다음 봄에는 서로 보이지 않는 먼 곳에서라도 동시에 나무를 올려다보는 사람이 있기를 바라봅니다. 참나무는 참나무인데 "갈"을 붙여야 할지 "졸"을 붙여야 할지 잘 모르겠다 하더라도 말입니다. 그건 지금부터 알아가도 됩니다. 그저 참나무를 쳐다보는 중이라는 것이 중요합니다.

이름을 안다는 것은 사랑의 시작입니다

식물은 보고만 있어도 사람의 마음을 평안하게 합니다. 어떤 식물의 이름을 알면 그 식물이 꼭꼭 숨어 있어도 눈에 들어옵니다. 반가운 마음에 나도 모르게 눈이 반짝 빛나고 입꼬리가 올라갑니다. 그러고는 이름을 부르지요.

식물의 이름을 부를 때 마음속 솔직한 감정이 겉으로 드러납니다. 그 누구에게도 내보이지 않던 감정을 감탄사로 번역해서 말이지요. 그 순간을 가장 나답게 만들어 주는 제일 속 편하고 입 무거운 친구가 식물입니다. 우리가 이름을 불러줄 때 식물은 그런 친구가 됩니다. 식물을 친구로 두면 사소한 곳에서 삶의 질이 높아지고 순간순간의 행복지수가 올라갑니다. 설마라고요? 설마가 아닙니다.

　유년 시절부터 저에게 식물은 친구였습니다. 그러다가 사춘기도 접어들지 못한 소녀이던 어느 날, 논두렁에서 만난 물매화는 저에게 사랑을 깨쳐 주었습니다. 식물을 대할 때 늘 빨리 보고 싶고 설레었지만 물매화는 그와 더불어 저의 심장을 제멋대로 뛰게 했습니다. 물매화 작은 꽃 한 송이 외에는 아무것도 보이지 않는 경험을 하고서 여태 그 감정을 잊지 못하고 있습니다. 그 짧은 순간을 떠올리면 지금도 가슴이 두근거립니다. 그래서 오랫동안 제 별명을 '물매화'로 정했습니다. 이게 사랑이 아닐 리 없습니다.

　아파트 화단 앞을 지나며 섬초롱꽃을 만나도, 보도블록 사이사이에서 땅빈대를 만나도, 출근길 버스정류장에서 느티나무를 만나도 감흥을 못 느끼는 사람들이 많습니다. 아니, 아예 눈길조차 주지 않는 사람들이 대부분입니다. 저의 첫 책《가끔은 숲속에 숨고 싶을 때가 있다》를 읽고 어떤 독자께서 이런 말을 남긴 걸 본 기억이 있습니다. 〈나의 이정표〉라는 글에 인사동 가로수로 심어진 회화나무가 등장하는데, 그 글을 읽고서 출근길에 회화나무가 여러 그루 있다는 것을 알았다고 합니다. 옆에 있지만 어떤 나무인지 모른 채 걷는 출근길과, 회화나무인 것을 알고 보는 마음이 과연 같을까요? 이제 회화나무를 보며 해사한 미소가 번졌을 것입니다. 또 자주 올려다보겠지요. 봄에 새순이 나고, 여름에 핀 미색 꽃을 보면 반갑고 위로받았을 것입니다. 식물의 이름, 몰라도 그만인 것 같지만 알고 나면 몰랐던 시절로 다시 돌아가고 싶지 않게 됩니다. 이 책이 그런 계기가 되었으면 좋겠습니다.

아직은 '작가'라고 불리는 것이 어색하고 민망한 저에게 먼저 손을 내밀어 출간을 제의해 주신 임태주 대표님께 진심으로 감사하다는 말씀을 드립니다. 또 이 책을 위해 애써 주신 행성B 이윤희 편집장님께도 감사함을 전합니다. 저에게 새로운 질문과 의견을 주시어 많은 도움이 되었습니다.

저의 오랜 친구 문숙이(지나)로 인해 임태주 대표님과 인연이 닿았고, 이 책의 벅찬 출발이 저에게 주어졌습니다. 친구에게 늘 고맙습니다.

그리고 이병률 시인님께 마음을 다해 감사하다는 말씀을 전합니다. 저의 은인이시자 존경하는 선생이신 시인께서 저를 '작가'로 불릴 수 있게 해주셨습니다. 언제나 신의를 지키겠습니다.

마지막으로 식물에 대한, 자연에 대한, 저의 감성과 정서의 근원이신 부모님. 저의 첫 번째 선생이시자 맹목적인 지지자로서 언제나 저에게 힘이 됩니다. 평소에 하지 않는 말이지만 이 자리를 빌어 용기 내 보겠습니다.

"언제나 고맙습니다. 그리고, 사랑합니다."

식물의 이름은 어디서 왔을까

초판 1쇄 발행	2024년 10월 23일
지은이	김영희
펴낸곳	(주)행성비
펴낸이	임태주
책임편집	이윤희
디자인	페이지엔
마케팅	배새나
출판등록번호	제2010-000208호
주소	경기도 김포시 김포한강10로 133번길, 710호
대표전화	031-8071-5913
팩스	0505-115-5917
이메일	hangseongb@naver.com
홈페이지	www.planetb.co.kr

ISBN 979-11-6471-272-4 (03480)

행성B는 독자 여러분의 참신한 기획 아이디어와 독창적인 원고를 기다리고 있습니다.
hangseongb@naver.com으로 보내 주시면 소중하게 검토하겠습니다.